AF358978

Cours

Dessin Géométrique

Théorique et pratique

J. MINGAM
DIRECTEUR D'ÉCOLE COMMUNALE A BREST
OFFICIER D'ACADÉMIE

P. KERLEROUX
PROFESSEUR A L'ÉCOLE PRIMAIRE SUPÉRIEURE
DE VALENCIENNES

Cours

DE

Dessin Géométrique

Théorique et Pratique

CONTENANT

1° Le Tracé géométrique avec de nombreux Exercices d'application ;
2° La Théorie élémentaire des projections et la représentation géométrale des objets avec des croquis cotés ;
3° Des Notions sur les moulures avec des Exercices d'application ; — 4° Des Exercices à la plume ;
5° Des Notions sur le lavis, avec des Exercices d'application ;

A L'USAGE

DES ÉCOLES PRIMAIRES ÉLÉMENTAIRES

(COURS MOYEN ET SUPÉRIEUR)

ET DES ÉCOLES PRIMAIRES SUPÉRIEURES

Préparation au brevet élémentaire.

PARIS

G. DELARUE, LIBRAIRE-ÉDITEUR

5, RUE DES GRANDS-AUGUSTINS, 5

— Imp. Moncey, Paris

LISTE DES OBJETS USUELS

Servant pour les épreuves de dessin à l'examen du BREVET ÉLÉMENTAIRE (Instituteurs)

1. Petit banc en bois.
2. Tabouret de pied.
3. Tabouret (siège) en bois.
4. Marchepied.
5. Escabeau.
6. Seau (en bois).
7. Baquet en bois.
8. Caisse à fleurs en bois.
9. Pupitre de musicien.
10. Baril (défoncé).
11. Boisseau (double-décalitre).
12. Tiroir de table.
13. Coffre à bois.
14. Guéridon (très simple).
15. Petite table carrée (sans le tiroir).
16. Tréteau.
17. Auge de maçon.
18. Boîte à sel ou boîte à épices.
19. Boulier-compteur.
20. Table de presse à copier (sans le tiroir).
21. Chevalet à scier le bois.
22. Chargeoir (pour le bois).
23. Porte-selles en bois.
24. Un double-litre en métal.
25. Un poids en fonte (de 5 kilogrammes au moins).

TABLE DES MATIÈRES

DÉFINITIONS DES TERMES GÉOMÉTRIQUES

LES LIGNES

Une ligne ou *trait* est une **longueur** sans *largeur* ni *épaisseur :* un cheveu aussi fin que possible, offre l'image d'une ligne.

Ligne droite. — Une *ligne droite* est le plus court *chemin* d'un point à un autre : un fil fin, bien tendu, offre l'image d'une ligne droite (fig. 1).

Ligne brisée. — Une *ligne brisée* est une ligne composée de **lignes droites** (fig. 2).

Ligne courbe. — Une *ligne courbe* est une ligne qui n'est ni **droite**, ni *composée* de **lignes droites** (fig. 3).
REMARQUE. — **La plus importante des lignes courbes est la circonférence.**

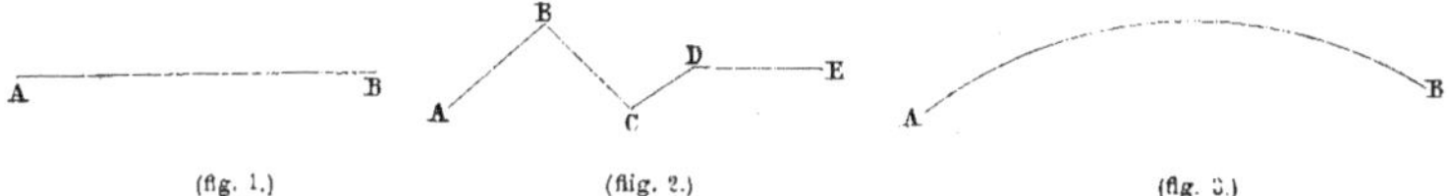

Circonférence. — La *circonférence* est une ligne courbe *fermée* dont **tous les points** sont *également* distants d'un *point intérieur* appelé **centre** (fig. 4).

Rayon. — Le *rayon* est une ligne droite qui va du **centre** à la circonférence : la ligne OD est un rayon.

Diamètre. — Le *diamètre* est une ligne droite qui *joint* **deux points opposés** de la *circonférence* en passant par le **centre.** La ligne AB est un diamètre.

Corde. — Une *corde est une droite* qui joint *deux points quelconques* de la circonférence *sans passer* par le centre. La droite EF est une corde.

Arc de cercle. — Un *arc de cercle* est une portion de circonférence. La portion ERF est un arc de cercle.

Flèche. — La *flèche est une ligne droite* qui joint le milieu d'un arc au milieu de la *corde* qui le sous-tend, et qui prolongée irait au centre. La droite RS est une flèche.

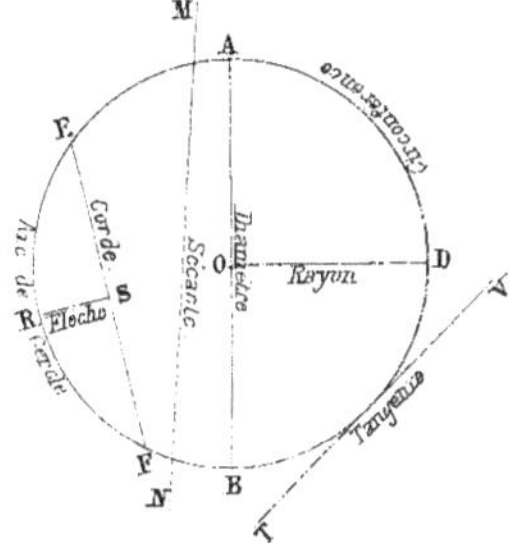

Tangente. — La *tangente* est une droite qui n'a qu'**un** *point de contact* avec la *circonférence.* La droite TV est une tangente.

Sécante. — La *sécante* est une droite qui *coupe la circonférence* en deux points et qui se *prolonge au-delà du cercle.* La droite MN est une sécante.

REMARQUE. — **Une circonférence se divise en 360 degrés qu'on écrit 360°. Chaque degré se divise en 60 minutes : 60'. Chaque minute se divise en 60 secondes : 60".**

LES ANGLES

On *appelle angle*, l'**ouverture** comprise entre deux droites qui se rencontrent en **un point** appelé **sommet**. Ces deux droites sont les *côtés* de l'angle.

La *grandeur* d'un angle dépend *non de la longueur* de ses côtés, **mais de leur écartement.**

Il y a **trois sortes d'angles** : *l'angle droit, l'angle obtus* et *l'angle aigu.*

Angle droit. — On appelle *angle droit*, un angle formé par la rencontre de deux **droites perpendiculaires** l'une sur l'autre (fig. 5).

Perpendiculaire. — Une *perpendiculaire* est une droite qni en *rencontrant* une autre fait avec elle **deux angles égaux** (fig. 6).

REMARQUE. — **Un angle droit vaut 90 degrés.**

Ligne verticale. — Une *ligne verticale* est une ligne droite qui *suit la direction* du fil à plomb (fig. 7).

Ligne horizontale. — Une *ligne horizontale* est une ligne droite *qui suit la direction* de la **surface de l'eau tranquille** (fig. 8).

REMARQUE. — **La verticale est perpendiculaire à l'horizontale.**

Ligne oblique. — Une *ligne oblique* est une ligne qui n'est ni *horizontale* ni *verticale* (fig. 9).

Ligne oblique à une autre. — Une *ligne oblique* à *une autre* est une ligne qui en rencontrant cette autre, forme avec elle *deux angles inégaux.* La droite FE est oblique sur AB (fig. 10).

Angle obtus. — On appelle *angle obtus* un angle **plus grand** que l'*angle droit.* L'angle AEF est un angle obtus (fig. 10).

Angle aigu. — On appelle *angle aigu* un angle **plus petit** que l'*angle droit.* L'angle BEF est un angle aigu (fig. 10).

Rapporteur. — On appelle *rapporteur* un demi-cercle en corne ou en métal dont on se sert pour **mesurer les angles** (fig. 11).

Il équivaut à 180 degrés.

L'angle EBC **mesuré par le rapporteur** est un *angle* de 45° (fig. 11).

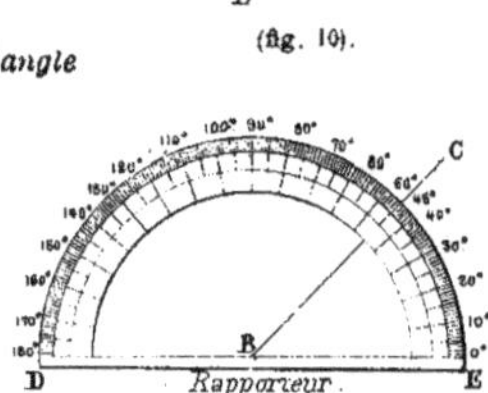

DROITES PARALLÈLES

On appelle *droites parallèles* des lignes droites situées dans un *même plan* et qui ne **peuvent jamais se rencontrer** à *quelque distance* qu'on les prolonge. Elles sont partout à la *même distance* l'une de l'autre.

Les droites AB et CD sont des droites parallèles (fig 12).

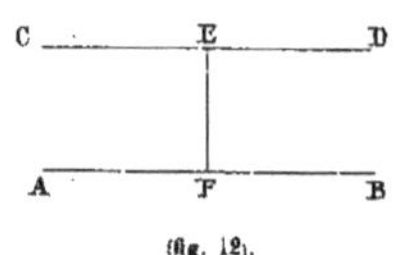

REMARQUE. — **La distance la plus courte entre deux lignes parallèles est mesurée par leur perpendiculaire commune EF** (fig. 12).

SURFACES

On appelle *surface* d'un corps l'**extérieur**, la limite *de ce corps*: elle constitue le vêtement de ce corps, mais un vêtement sans épaisseur.

Les surfaces sont limitées par des lignes droites ou par des lignes courbes.

Polygone. — On appelle *polygone* une surface plane *limitée* par des *lignes droites* qui se coupent deux à deux.

Le plus simple des polygones est le *triangle*.

Triangle. — Le *triangle* est une surface plane limitée par **trois droites** qui se *coupent deux à deux*.

La *hauteur* d'un triangle est la *perpendiculaire* abaissée du *sommet* sur la *base* ou sur son prolongement.

La **base** du triangle est le *côté* du bas.

Le **sommet** du triangle est le *sommet* de l'angle opposé à la base.

Il y a plusieurs sortes de triangles :

1° Le *triangle équilatéral* qui a ses trois côtés égaux (fig. 13).

2° Le *triangle isocèle* qui a deux côtés égaux (fig. 14).

3° Le *triangle scalène* qui a ses trois côtés inégaux (fig. 15).

4° Le *triangle rectangle* qui a un angle droit (fig. 16).

Une équerre est un triangle rectangle.

On appelle **hypoténuse** dans un triangle rectangle le *côté opposé à l'angle droit*: c'est le plus grand côté d'un triangle rectangle.

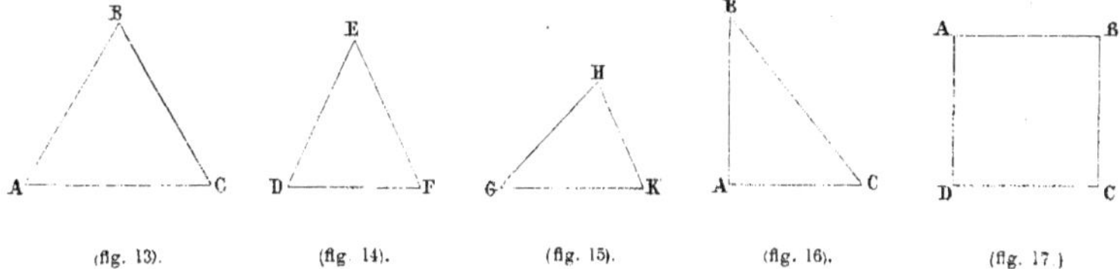

(fig. 13).   (fig. 14).   (fig. 15).   (fig. 16).   (fig. 17.)

Quadrilatères. — On appelle *quadrilatère* un polygone de quatre côtés. Les quadrilatères principaux sont : le *carré*, le *rectangle*, le *losange*, le *parallélogramme* et le *trapèze*.

Carré. — Le *carré* est un **quadrilatère** limité par *quatre droites égales* qui se *coupent à angle droit* (fig. 17).

Rectangle. — Le *rectangle* est un **quadrilatère** limité par quatre droites qui se *coupent à angle droit* (fig. 18).

Les côtés opposés d'un **rectangle** sont **égaux** et **parallèles**.

Parallélogramme. — Le *parallélogramme* est un **quadrilatère** dont les côtés opposés sont *égaux* et *parallèles*, mais les **angles ne sont pas droits** (fig. 19).

Losange. — Le *losange* est un **quadrilatère** limité par quatre **droites égales**, mais les **angles ne sont pas droits** (fig. 20).

Trapèze. — Le *trapèze* est un **quadrilatère qui a deux côtés parallèles et inégaux** (fig. 21).

REMARQUE. — Dans le *parallélogramme*, le *losange* et le *trapèze*, la **hauteur** est *mesurée* par la **perpendiculaire** *menée* entre les deux **bases parallèles**.

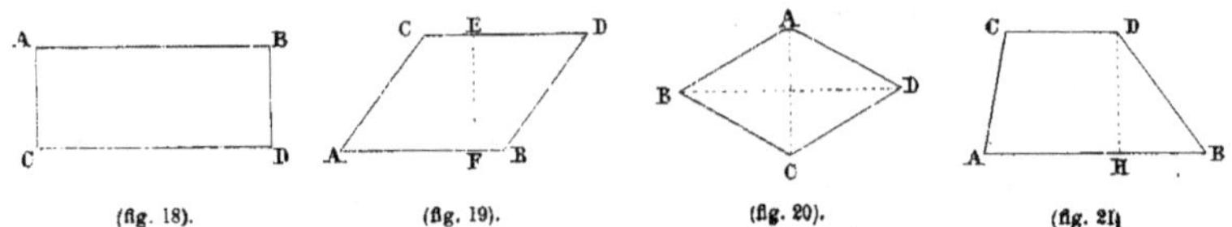

(fig. 18).   (fig. 19).   (fig. 20).   (fig. 21).

Les autres polygones réguliers les plus importants sont :

Le *pentagone* qui a cinq côtés égaux (fig. 22).

L'*hexagone* qui a six côtés égaux (fig. 23).

L'*octogone* qui a huit côtés égaux.

Le *décagone* qui a dix côtés égaux.

On appelle **apothème** dans un polygone, la **perpendiculaire** menée du **centre** sur un *côté quelconque*. *La ligne OH est un apothème* (fig. 23).

On appelle **périmètre**, dans un polygone, le *contour*, c'est-à-dire la **somme de tous ses côtés**.

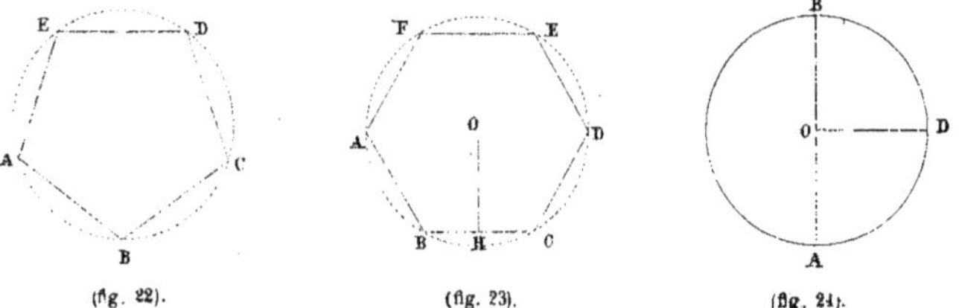

(fig. 22).   (fig. 23).   (fig. 24).

Cercle. — Le *cercle* est la *surface limitée* par la **circonférence** (fig. 24).

FIGURES CURVILIGNES

Voir la planche IX

Les principales figures curvilignes sont : l'*ogive*, l'*ove*, l'*ovale*, l'*anse de panier*, la *spirale*, l'*ellipse*.

L'*ogive* est formée de deux arcs de cercle symétriques et de même rayon, se coupant en un point appelé sommet de l'ogive.

L'*ove* est une courbe fermée, formé de 4 arcs de cercle raccordés, dont deux sont symétriques par rapport à un axe et ont le même rayon. L'*ove* rappelle la forme d'un œuf.

L'*ovale* est une courbe fermée, formé de 4 arcs de cercle raccordés, égaux et symétriques deux à deux par rapport à deux axes perpendiculaires.

L'*anse de panier* est une courbe non fermée, formée de 3 arcs de cercle raccordés et dont les deux extrêmes sont égaux et symétriques par rapport à un axe vertical. L'*anse de panier* est une *demi-ovale*.

La *spirale* est une ligne courbe qui tournant autour de son centre, s'en éloigne de plus en plus. Elle est formée d'arcs de cercle raccordés de rayons de plus en plus grands à 2, 3, 4, 5 centres.

L'*ellipse* est une courbe fermée telle que la somme des distances de chacun de ses points à 2 points intérieurs appelés *foyers* est constante et égale au grand axe.

LES INSTRUMENTS DE DESSIN

Les instruments nécessaires pour le *dessin linéaire* sont : la *règle plate*, *l'équerre*, le *compas à pointes de rechange*, le *tire-ligne*, le *crayon*, le *canif*, la *gomme à effacer*, le *double décimètre, etc.*

Règle plate. — La *règle plate* est une *petite planchette* en bois d'une certaine longueur et de très peu d'épaisseur. On en fait usage pour **tracer** les *lignes droites.*

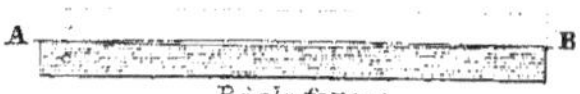

Règle fausse

Pour s'assurer que la *règle* est **droite**, on **trace**, avec un crayon bien taillé que l'on appuie contre la règle, une **première ligne AB.**

On retourne la **règle** et l'on *trace*, dans les mêmes conditions, une **deuxième ligne.** *Si les deux lignes se confondent la* **règle est droite.**

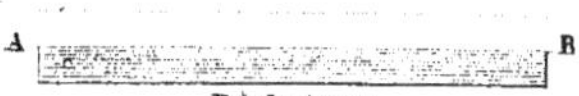

Règle droite

Equerre. — L'*équerre* qui a la forme d'un **triangle rectangle**, **sert à tracer** les **parallèles** et les **perpendiculaires.**

Pour s'assurer qu'une équerre est **juste** on l'applique contre la *règle AB* en lui donnant la position b. On *trace*, avec un crayon, une **première ligne** MN.

On **retourne l'équerre** dans la position b' et l'on *trace*, dans les mêmes conditions, une **deuxième ligne.** *Si les deux lignes se confondent* **l'équerre est juste.** (1)

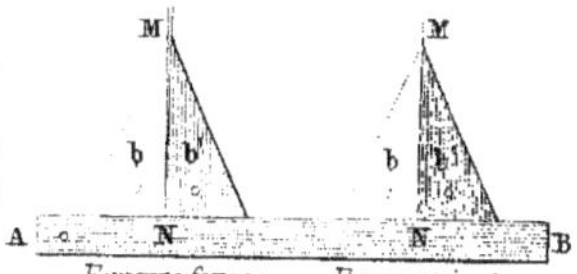

Equerre fausse Equerre juste

Tracé des parallèles. — *Pour tracer à l'aide de l'équerre*, des **parallèles** à *une ligne donnée*, on place, sur cette *ligne*, le **grand côté** *de l'angle droit de l'équerre*, puis on applique la **règle** contre *l'autre côté de l'angle droit.*

La règle que l'on tient de la main gauche, reste *fixe* pendant que la main droite *glisse l'équerre le long de la règle* et trace les *parallèles.*

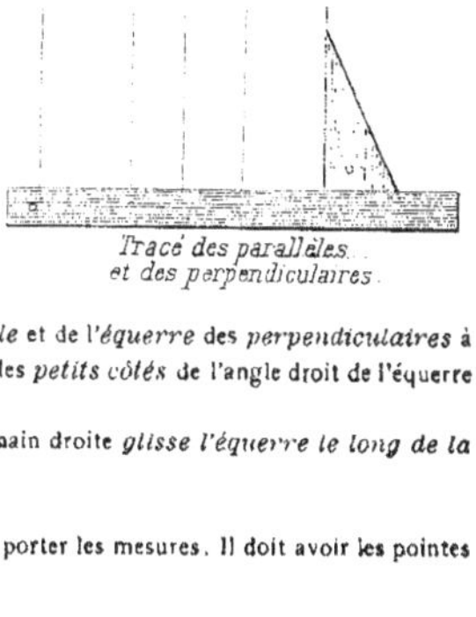
Tracé des parallèles et des perpendiculaires.

Tracé des perpendiculaires. — Pour tracer à l'aide de la *règle* et de l'*équerre* des *perpendiculaires* à une droite donnée, on place la *règle* contre la *droite*, puis on applique les *petits côtés* de l'angle droit de l'équerre contre la *règle.*

La règle que l'on tient de la main gauche reste *fixe* pendant que la main droite *glisse l'équerre le long de la règle* et trace les perpendiculaires.

Compas. — Le *compas à pointes sèches*, à branches fixes, sert à porter les mesures. Il doit avoir les pointes très fines et de même longueur.

(1) **NOTA.** — La règle et l'équerre jouent un rôle très important dans le dessin linéaire, et il est indispensable que les élèves sachent les manier avec dextérité.

Le *compas à pointes de rechange*, dont l'une des branches peut être remplacée par un porte-crayon ou un tire-ligne, sert à tracer les circonférences et les arcs de cercle. On le tient par la tête, un peu incliné du côté où l'on dirige le trait et on le fait tourner uniformément en ayant soin de n'exercer aucune pression sur les branches, ni sur la pointe fixe. Dans le tracé des grandes circonférences, afin que le trait soit net et partout de même épaisseur, il faut plier suffisamment les branches porte-crayon et tire-ligne jusqu'à ce que les pointes tombent d'aplomb sur le papier.

Tire-ligne. — Le *tire-ligne* sert à tirer les lignes à l'encre. On y introduit de l'encre à l'aide d'une bande de papier ou d'une plume à écrire que l'on passe entre les branches du tire-ligne. On en rapproche suffisamment les pointes et on l'essaie. Pour s'en servir on le tient presque *d'aplomb*, un peu *penché* vers la droite et légèrement appuyé contre la règle le long de laquelle on le fait glisser uniformément de gauche à droite sur le trait au crayon.

Encre de Chine. — L'*encre de Chine* est la seule ordinairement employée. On la trouve dans le commerce à l'*état liquide* ou en *bâton*. Pour préparer l'encre liquide on frotte légèrement l'extrémité du bâton dans un godet contenant de l'eau propre et tenu un peu incliné.

Crayon. — Le *crayon* doit être assez dur et taillé finement en pointe allongée. Le trait au crayon doit être très-fin et légèrement marqué.

Papier. — Le *papier* en cahier ou en feuilles détachées, du format in-4° raisin, 32 centimètres environ sur 24 centimètres pour un cadre de 25 centimètres sur 18 centimètres, sera *fort*, d'un *grain fin* et *serré*, capable de résister au frottement de la gomme.

Les croquis cotés pourront être exécutés sur papier de moindre qualité, uni ou quadrillé, en feuilles de format plus petit et réunies en cahier.

K   Ligne parallèle à la seconde directrice.   L

ABCDEFGHIJKLMNOPQRSTUVXYZ

E   A   F

Tracé des titres. — *Le titre principal du dessin* est placé en dehors du cadre à une distance de 5 millimètres.

Les lettres ont *6 millimètres* de haut, *4 millimètres* de large et la distance entre ces lettres est de *2 millimètres*. (Voir l'alphabet modèle ci-dessus).

Les parties droites de ces lettres sont exécutées d'abord au crayon à l'aide de la règle et de l'équerre puis à l'encre à l'aide du tire-ligne.

Les parties courbes sont exécutées à la plume.

Les *titres secondaires* (notes ou noms de détails) sont ordinairement tracés à la main.

Les lettres ont *2 millimètres* de haut, *2 millimètres* de large et sont espacées d'environ *1 millimètre*. (Voir l'alphabet modèle ci-dessous).

abcdefghijklmnopqrstuvwxyz

Tracé des directrices. — On décrit des coins de la page des arcs qui se coupent aux points *A et B*.

Des *deux points A et B comme centres* on décrit de *nouveaux arcs* qui se coupent aux points *C et D*.

Les perpendiculaires AB et CD sont *les directrices du cadre*.

Tracé du cadre. — Des points A et B comme *centres et avec un rayon déterminé*: (9cm) on décrit les arcs E,F,G,H.

Des points C et D comme centres et avec un autre *rayon déterminé*: (12cm ½) on décrit les arcs I,J,K,L.

On trace les *tangentes EG, FH, IJ, KL, et le cadre est formé*.

Seconde directrice.

C   D

Traits fins et traits forts — On suppose que la lumière éclaire les objets *de gauche à droite*, de *haut en bas*, de *l'arrière à l'avant*, (par rapport au spectateur).

Les faces de devant, les faces de dessus. les faces de côté gauche sont éclairées.

Les faces de derrière, les faces de dessous, les faces de côté droit sont dans l'ombre.

La ligne qui sépare *deux faces éclairées* est représentée par un *trait fin*.

La ligne qui sépare *une face éclairée d'une face dans l'ombre* est représentée par un *trait fort*.

La ligne qui sépare *deux faces dans l'ombre* est représentée par un *trait fort*.

En dessin, les rayons lumineux viennent de gauche à droite suivant des lignes à 45°, se dirigeant vers la ligne de terre.

Trait fin.

Trait fort.

Directrice ou Axe

Ligne de Construction

Ligne indiquant une arête cachée

G   La Ligne de terre ou ligne de base du dessin à 2 centimètres du cadre.   H

L'Echelle à 1 centimètre du cadre.

J   Ligne parallèle à la seconde directrice.   I

Ligne parallèle à la première directrice   —   Ligne parallèle à la première directrice

Première directrice

TRACÉ GÉOMÉTRIQUE
Le tracé géométrique est la base du dessin géométrique

LIGNE DROITE

1er problème. — *Elever une perpendiculaire au milieu d'une droite donnée AB.*

Avec une ouverture de compas un peu plus grande que la moitié de la droite AB, des points A et B comme centres, on décrit des arcs de cercle de même rayon qui se coupent aux points C et D. On joint les points C et D et on a la perpendiculaire demandée.

2e problème. — *Par un point donné D pris sur une droite AB, élever une perpendiculaire à cette droite.*

On place la pointe sèche du compas au point D et avec le même rayon on détermine les points C et E. On a ainsi le point D au milieu de la droite CE. Pour obtenir la perpendiculaire demandée, on procèdera comme dans le 1er problème.

3e problème. — *Par un point donné C placé hors d'une droite AB, abaisser une perpendiculaire sur cette droite.*

Du point C comme centre, on trace un arc de cercle qui coupe la droite en E et en F. Des points E et F, avec la même ouverture de compas, on décrit les arcs C et D. On joint les points C et D et on a la perpendiculaire demandée.

4e problème. — *Elever une perpendiculaire à l'extrémité d'une droite AB qu'on ne peut prolonger.*

D'un point quelconque D comme centre, on décrit un arc de cercle qui passe à l'extrémité B et coupe la ligne donnée au point C. On joint C et D par une droite qu'on prolonge jusqu'en E de la circonférence. On joint les points E et B et on a la perpendiculaire demandée.

5e problème. — *Par un point C mener une parallèle à une droite AB.*

D'un point quelconque O pris sur la droite AB on décrit une demi-circonférence DCEF qui passe au point donné C. On porte avec le compas la longueur DC de F en E et on trace la ligne CE qui est la parallèle demandée.

6e problème. — *Diviser une ligne droite AB en un nombre quelconque de parties égales (en 5 par exemple).*

On mène de l'extrémité A une droite indéfinie AC qui forme avec AB un angle quelconque. Après avoir porté cinq fois sur AC une longueur quelconque, on joint le dernier point de division C au point B et par les points de division marqués sur AC, on mène des parallèles à CB. Ces parallèles divisent la droite AB en 5 parties égales.

7e problème. — *Diviser l'angle BAC en deux parties égales.*

Du sommet A comme centre avec une ouverture de compas quelconque, on trace l'arc BC.

Des points B et C comme centres on trace deux arcs qui se coupent au point D. On joint le point D au sommet A par une droite qui divise l'angle BAC en deux parties égales. La droite AD est la bissectrice de l'angle BAC.

8e problème. — *Construire un angle égal à un angle donné BAC.*

Du sommet A comme centre, avec une ouverture quelconque de compas, on trace l'arc BC et du point A', avec la même ouverture de compas, on tire l'arc C'B'. On prend la longueur de l'arc CB que l'on porte de C' en B'. En joignant les points C' et B' au point A', on a l'angle demandé.

9e problème. — *Construire un angle double d'un angle donné BAC.*

Du sommet A comme centre, avec une ouverture quelconque de compas, on trace l'arc BC. Du point D, avec la même ouverture, on tire l'arc ER. On prend la longueur de l'arc CB que l'on porte 2 fois sur l'arc ER. On joint les points E et R au point D et on a l'angle demandé.

On opère de même pour avoir un angle 3, 4, 5... fois plus grand qu'un angle donné.

10e problème. — *Construire un triangle équilatéral dont on connaît la longueur MN du côté.*

On trace une droite AB égale à MN. Des points A et B comme centres, avec un rayon égal à MN on décrit deux arcs de cercle qui se coupent au point C. En joignant le point C aux points A et B on obtient le triangle équilatéral demandé.

11e problème. — *Construire un triangle quelconque dont on connaît les trois longueurs MN, DE, PG, des côtés.*

On trace la droite AB égale à DE. Du point A comme centre avec un rayon égal à MN on décrit un arc de cercle, puis du point B comme centre avec un rayon égal à PG on décrit un autre arc de cercle qui coupe le 1er au point C. On joint le point C aux points A et B et on obtient le triangle demandé.

12e problème. — *Construire un triangle isocèle connaissant la longueur MN de la base; et la longueur DE du côté égal.*

On trace la droite AB égale à MN. Des points A et B comme centres avec un rayon égal à DE on décrit deux arcs de cercle qui se coupent au point C. On joint le point C aux points A et B et on obtient le triangle demandé.

TRACÉ GÉOMÉTRIQUE *Pl. II*

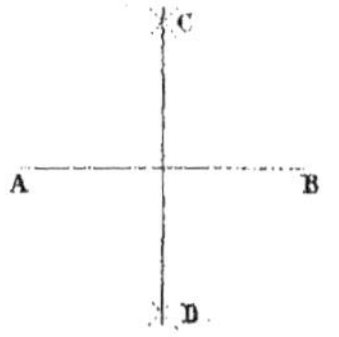

Elever une perpendiculaire au milieu d'une droite.

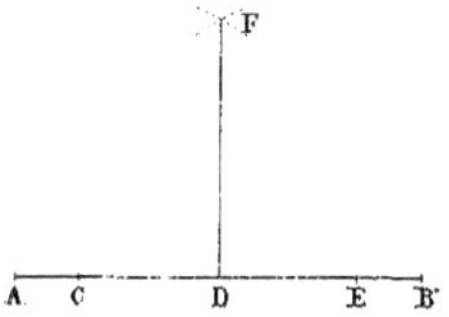

Par un point donné sur une droite, élever une perpendiculaire à cette droite.

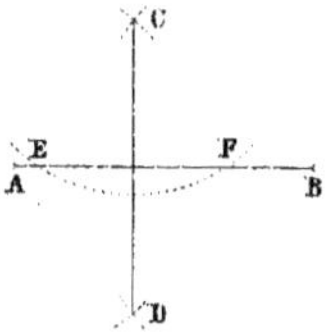

Par un point donné hors d'une droite, abaisser une perpendiculaire sur cette droite.

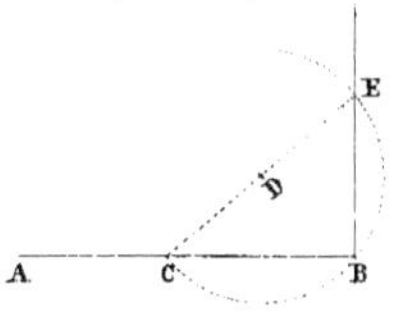

Elever une perpendiculaire à l'extrémité d'une droite qu'on ne peut prolonger.

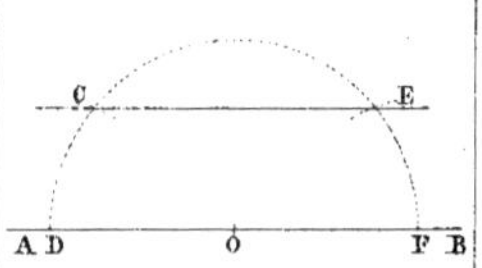

Par un point donné mener une parallèle à une droite.

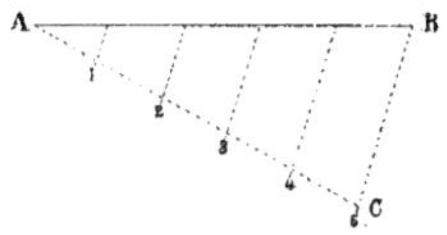

Diviser une ligne droite en parties égales.

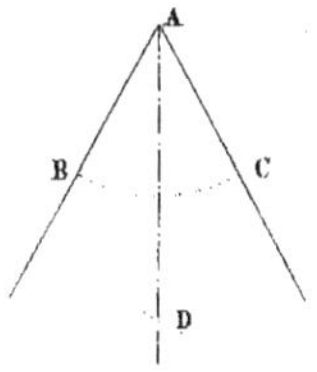

Diviser un angle en deux parties égales.

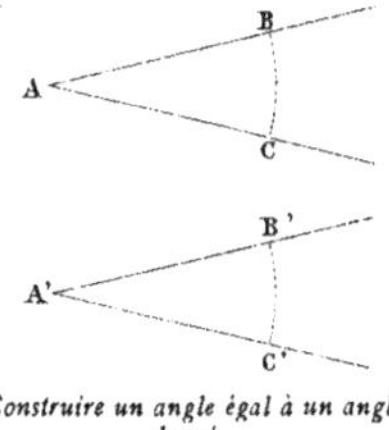

Construire un angle égal à un angle donné.

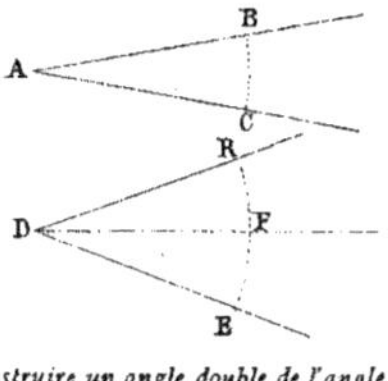

Construire un angle double de l'angle donné.

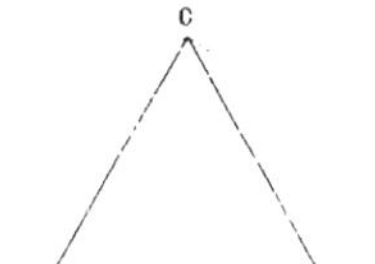

Construire un triangle équilatéral dont on connaît un côté.

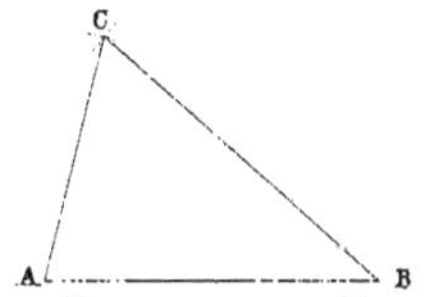

Construire un triangle quelconque dont on connaît les trois côtés.

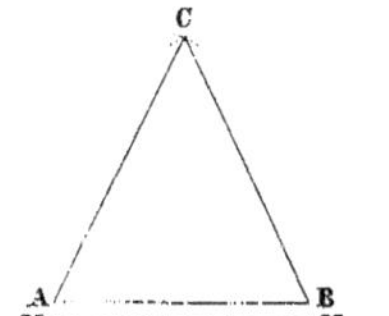

Construire un triangle isocèle dont on connaît la base et le côté égal.

Nota : Il n'est pas nécessaire que l'élève reproduise sur son dessin les énoncés des problèmes.

13ᵉ problème. — *Construire un triangle rectangle A BC dont on connait la longueur DE de l'hypoténuse et la longueur FG d'un côté de l'angle droit.*

On trace la droite AB égale à DE et on décrit sur cette droite comme diamètre une demi-circonférence.
Du point A comme centre et avec un rayon égal à FG on coupe la demi-circonférence au point C.
On joint le point C aux points A et B et on a le triangle demandé.

14ᵉ problème. — *Construire un carré A BCD dont on connait la longueur EF du côté.*

On trace la droite AB égale à EF, puis on élève une perpendiculaire BC au point B que l'on fait égale à EF.
Des points C et A comme centres, avec un rayon égal à EF, on décrit deux arcs qui se coupent en D.
On joint le point D aux points A et C, et on a le carré demandé.

15ᵉ problème. — *Construire un rectangle A BCD dont on connait les longueurs MN et RS de la base et de la hauteur.*

On trace une droite AB égale à MN, puis on élève une perpendiculaire BC au point B que l'on fait égale à RS.
Du point C comme centre avec un rayon égal à MN, on trace un arc de cercle ; du point A comme centre avec un rayon égal à RS, on décrit un autre arc de cercle qui coupe le premier au point D.
On joint le point D aux points A et C et on a le rectangle demandé.

16ᵉ problème. — *Construire un parallélograme A BCD dont on connait les deux côtés GM et EP et l'angle GMN.*

On trace la droite AB égale à GM. On fait au point B un angle égal à l'angle GMN. On porte la longueur EP de B en C.
Du point C avec un rayon égal à GM on trace un 1ᵉʳ arc de cercle et du point A avec un rayon égal à EP on trace un 2ᵉ arc qui coupe le premier au point D.
On joint le point D aux points C et A et on a le parallélogramme demandé.

17ᵉ problème. — *Construire un losange A BCD dont on connait les longueurs AR et MN de la diagonale et du côté.*

On trace la droite AC égale à la diagonale AR.
Des points A et C comme centres, avec un rayon égal à MN, on trace des arcs qui se coupent en B et en D.
On joint les points B et D aux points A et C et on a le losange demandé.

18ᵉ problème. — *Construire un losange A BCD dont on connait les longueurs MN et RS des diagonales.*

On trace la droite AC égale à RS, on mène par le milieu de AC la perpendiculaire BD égale à MN dont la moitié est au-dessus de AC et l'autre moitié au-dessous.
On joint les points B et D aux points A et C, et on a le losange demandé.

19ᵉ problème. — *Construire un trapèze A BCD dont on connait les longueurs RS et EF de la grande et de la petite base et la longueur MN de la hauteur.*

On trace la droite AB égale à RS, on élève, en son milieu, la perpendiculaire HH' égale à MN.
Par le point H' on mène une parallèle DC égale à EF dont la moitié de la longueur est portée de H' en C et l'autre moitié de H' en D.
On joint les points D et C aux points A et B et on a le trapèze demandé.

20ᵉ problème. — *Diviser une circonférence en 2, 4, 8... parties égales et y inscrire un carré A BCD et un octogone régulier.*

On trace le diamètre AOC qui divise la circonférence en 2 parties égales ; on élève, en son milieu, une perpendiculaire BD. La circonférence est alors partagée en 4 parties égales : en joignant les points de division, on obtient le carré ABCD.
Pour diviser cette circonférence en 8 parties égales, il suffit de partager chacun des arcs AB, BC, CD et DA en 2 parties égales.
En joignant les points de division, on obtient l'octogone régulier demandé.

21ᵉ problème. — *Diviser une circonférence en 3, 6, 12... parties égales et y inscrire un triangle équilatéral BDF et un hexagone régulier A BCDEF.*

Pour diviser la circonférence en 6 parties égales, il suffit de porter le rayon OB 6 fois sur la circonférence. En joignant les points de division, on obtient l'hexagone régulier demandé.
Pour obtenir le triangle équilatéral, il suffit de joindre de deux en deux les points de division et la circonférence se trouve ainsi partagée en 3 parties égales.
Pour partager cette circonférence en 12 parties égales, on divise chacun des arcs AB, BC, CD, DE, EF, FA en deux parties égales.

TRACÉ GÉOMÉTRIQUE   *Pl.III*

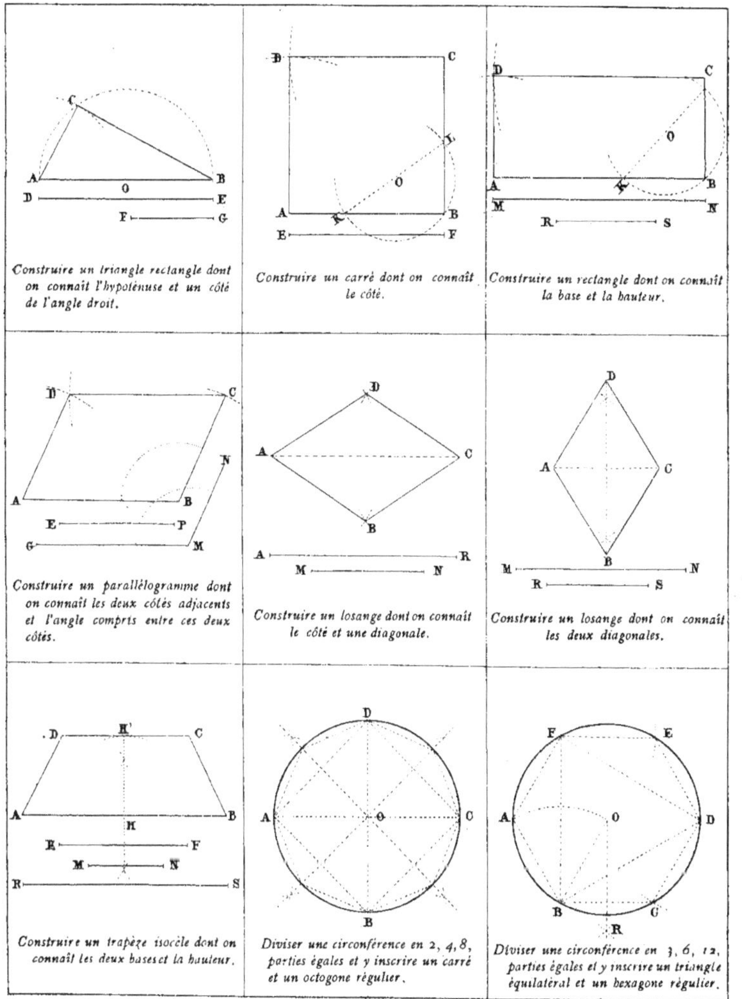

Construire un triangle rectangle dont on connaît l'hypoténuse et un côté de l'angle droit.

Construire un carré dont on connaît le côté.

Construire un rectangle dont on connaît la base et la hauteur.

Construire un parallélogramme dont on connaît les deux côtés adjacents et l'angle compris entre ces deux côtés.

Construire un losange dont on connaît le côté et une diagonale.

Construire un losange dont on connaît les deux diagonales.

Construire un trapèze isocèle dont on connaît les deux bases et la hauteur.

Diviser une circonférence en 2, 4, 8, parties égales et y inscrire un carré et un octogone régulier.

Diviser une circonférence en 3, 6, 12, parties égales et y inscrire un triangle équilatéral et un hexagone régulier.

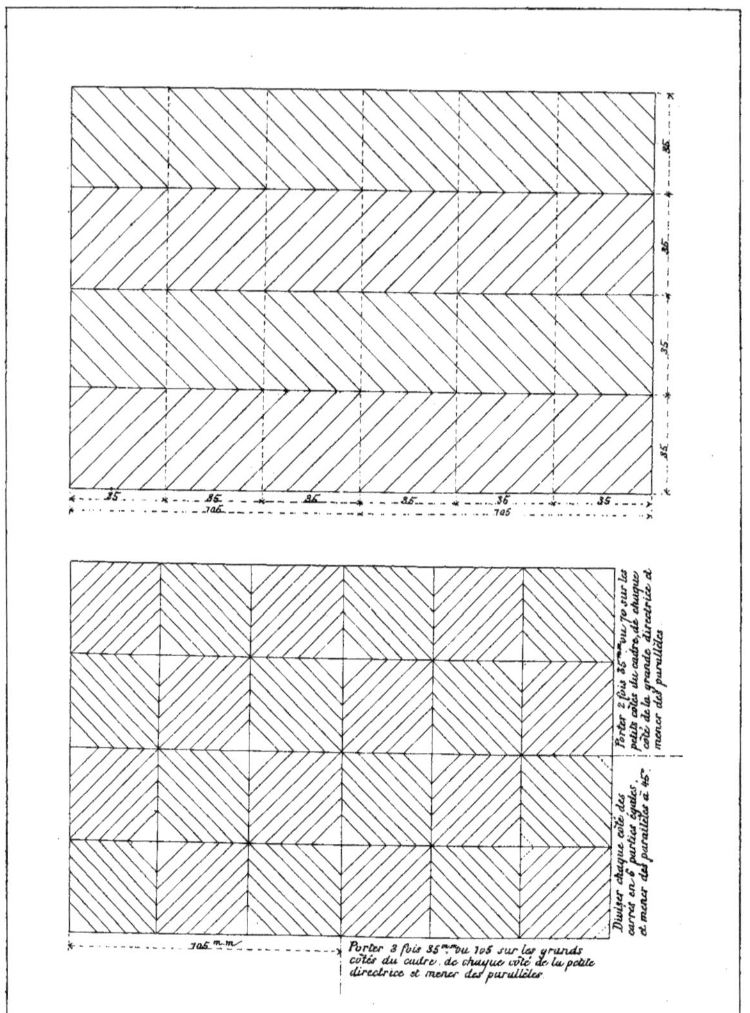
Porter 2 fois 85 m.m ou 70 sur les
petits côtés du cadre, de chaque
côté de la grande directrice et
mener des parallèles

Diviser chaque côté des
carrés en 6 parties égales
et mener des parallèles à 45°

Porter 3 fois 85 m.m ou 105 sur les grands
côtés du cadre, de chaque côté de la petite
directrice et mener des parallèles

Exercices d'application. ENTRELACS — Pl. V

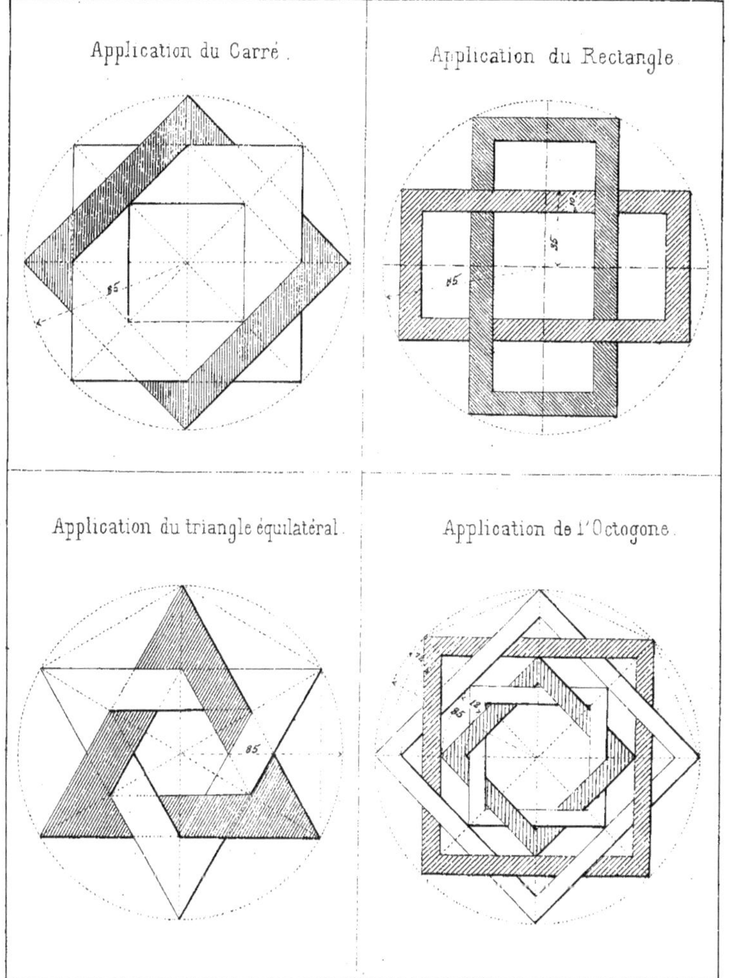

I . *Les hachures doivent être faites bien parallèlement à la règle et à l'équerre.*

II . *Chacun de ces dessins peut donner lieu à un exercice de lavis à l'encre de Chine ou de lavis en couleurs.(Voir le Chapitre Lavis)*

Exercices d'application — CARRELAGES

Carrés et Rectangles.

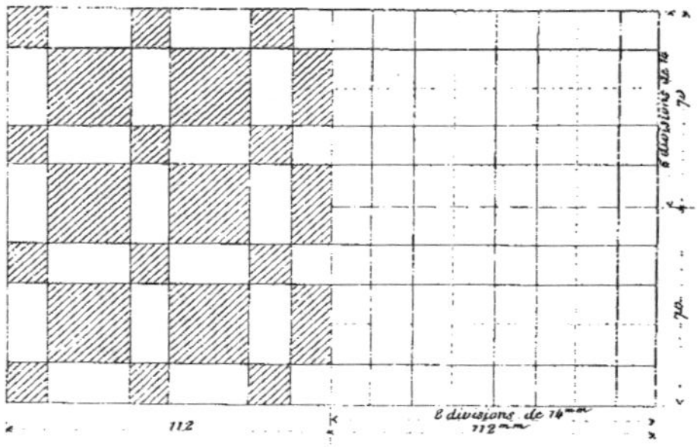

Losanges et Hexagones.

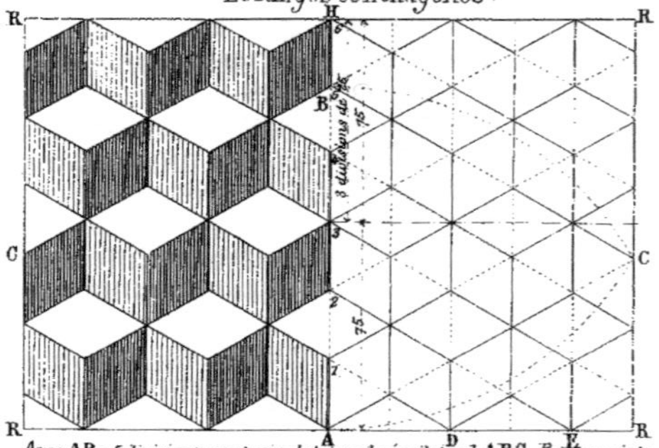

Avec AB = 5 divisions, construire le triangle équilatéral ABC. Par les points A, H, C, C mener les côtés du Rectangle RRRR. Par les points A, 1, 1, 1, mener des paral. à AC et BC.

Carrés et Octogones.

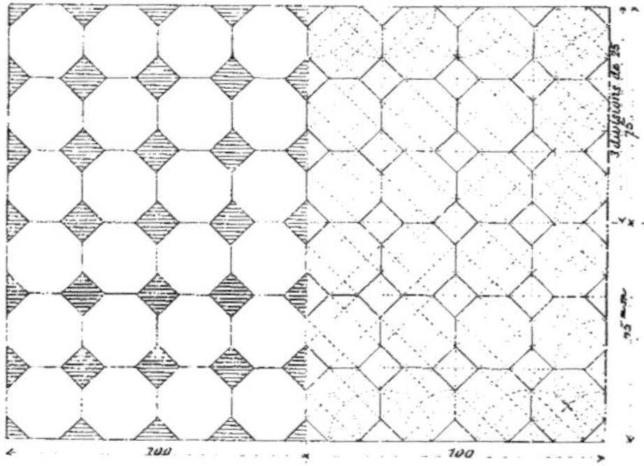

Octogones et Rosaces.

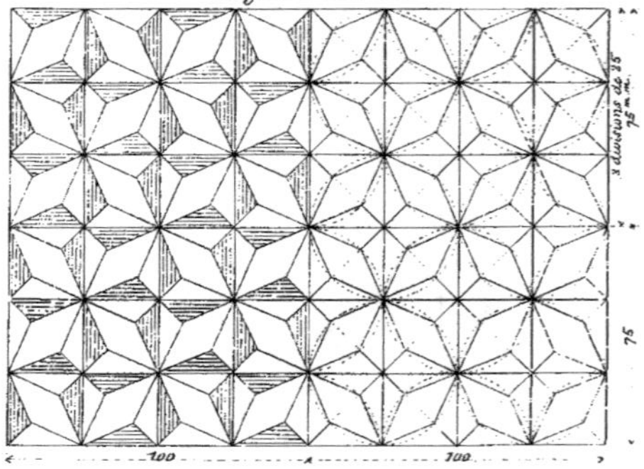

Chacun de ces dessins peut être exécuté au lavis. Les élèves s'appliqueront eux-mêmes à assortir les teintes.

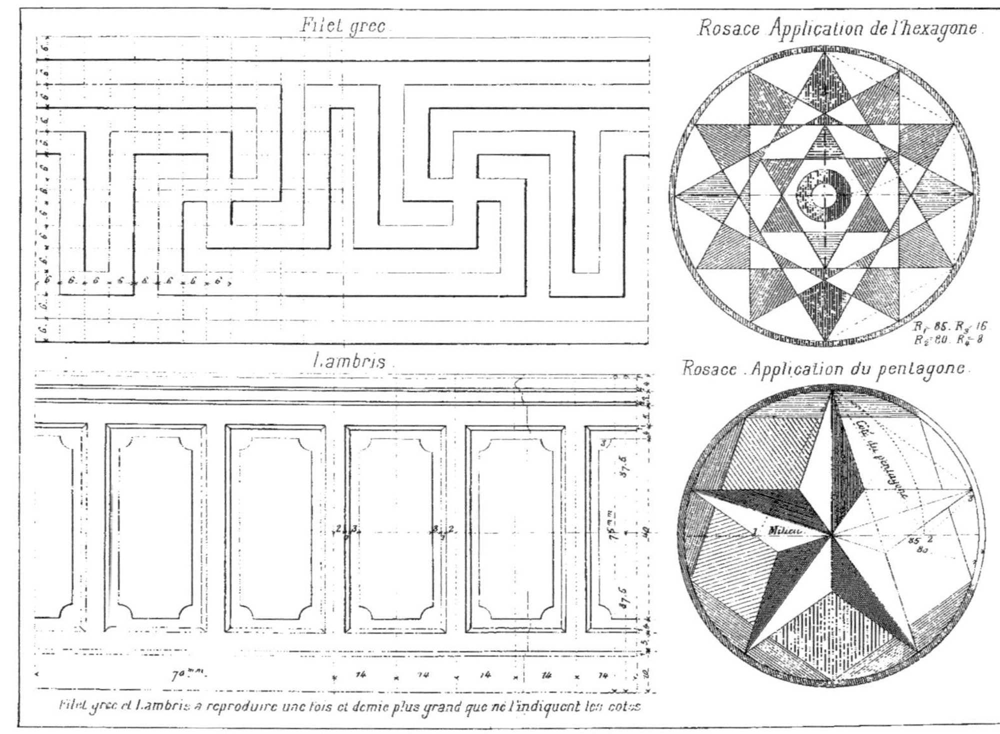

Chacun de ces dessins peut donner lieu à un exercice de lavis

LIGNE COURBE

1er problème. — *Faire passer une circonférence par deux points donnés A et B.*

Le centre de cette circonférence doit se trouver à une égale distance des deux points A et B. On joint les points A et B et on élève une perpendiculaire sur le milieu de AB. On prend sur cette perpendiculaire un point quelconque E qui est le centre de la circonférence demandée.

2e problème. — *Faire passer une circonférence par trois points donnés A, B et C.*

Le centre de cette circonférence doit se trouver à une égale distance des trois points A, B et C. On joint les points A et B, B et C et on élève une perpendiculaire sur le milieu de chacune de ces droites AB et BC. Le point de rencontre H de ces deux perpendiculaires, est le centre de la circonférence demandée.

DROITE TANGENTE A LA CIRCONFÉRENCE

PRINCIPE. — **Lorsqu'une droite est tangente à une circonférence, cette droite est perpendiculaire à l'extrémité du rayon qui aboutit au point de tangence.**

3e problème. — *Mener une tangente à une circonférence en un point A de cette circonférence.*

On mène le rayon OA et à l'extrémité A, on élève une perpendiculaire AC sur ce rayon. Cette perpendiculaire AC est la tangente demandée.

4e problème. — *Mener deux tangentes à une circonférence par un point A donné hors de cette circonférence.*

On joint le centre O au point donné A. Par le milieu B de OA avec un rayon BO, on trace la circonférence OEAF. Les points de rencontre E et F des deux circonférences sont les points de tangence. On joint les points E et F au point A pour avoir les tangentes demandées

CIRCONFÉRENCE TANGENTE A LA DROITE

PRINCIPE. — **Lorsqu'une circonférence est tangente à une droite, le centre de cette circonférence se trouve sur la perpendiculaire élevée sur la droite au point de tangence.**

5e problème. — *Mener par un point donné D une circonférence tangente à une droite en un point C de cette droite.*

Par le point C, on élève une perpendiculaire sur AB, on joint les points C et D On élève une perpendiculaire sur le milieu de la droite CD. Le point de rencontre O est le centre de la circonférence demandée.

6e problème. — *Mener une circonférence tangente à deux droites parallèles A B et C D.*

On élève la perpendiculaire EF commune aux deux parallèles. Par le milieu O de cette perpendiculaire, avec OF pour rayon, on trace la circonférence demandée.

7e problème. — *Mener une circonférence tangente à deux droites non parallèles A B et C D.*

On prolonge ces deux droites jusqu'à leur rencontre en E. Du point E comme centre, on porte sur les droites données deux longueurs égales EF et EG. Par les points F et G on élève des perpendiculaires sur les droites données. Le point de rencontre O de ces deux perpendiculaires est le centre de la circonférence demandée avec OF pour rayon.

RACCORDEMENT DE DROITES ET D'ARCS

PRINCIPE. — **Lorsqu'un arc raccorde avec une droite, le centre de cet arc se trouve sur la perpendiculaire élevée sur cette droite, au point de raccordement.**

8e problème. — *A une droite A B raccorder un ou plusieurs arcs.*

On élève une perpendiculaire à l'extrémité B de AB. Sur cette perpendiculaire, on prend les points quelconques C,D,E, etc..., comme centres des arcs à raccorder.

9e problème. — *A une droite A B raccorder un arc passant par un point donné C.*

On élève une perpendiculaire à l'extrémité B de AB. On joint le point B au point C, puis on élève une perpendiculaire sur le milieu de BC. Le point de rencontre O des deux perpendiculaires est le centre de l'arc à raccorder avec OB pour rayon.

10e problème. — *Raccorder une droite à un arc donné A B C.*

On trace le rayon OA et on élève la perpendiculaire AD à l'extrémité du rayon OA. Cette perpendiculaire est la droite raccordée.

11e problème. — *Raccorder deux droites parallèles de même longueur par une demi-circonférence (1)*

On élève la perpendiculaire commune BD. Du milieu G de cette perpendiculaire, avec une ouverture de compas égale à GD, on trace la demi-circonférence raccordant les deux droites.

12e problème. — *Raccorder deux droites non parallèles A B et C D.*

On prolonge les deux droites non parallèles AB et CD jusqu'à leur rencontre en E. Du point E comme centre, on porte sur les droites données deux longueurs égales EB et EC. Par les points B et C, on élève une perpendiculaire à chacune des droites AB et DC. Du point de rencontre O, avec OB comme rayon, on trace l'arc de raccordement.

---

(1) On entend par droites parallèles de même longueur, des droites parallèles limitées à leurs extrémités par une perpendiculaire commune.

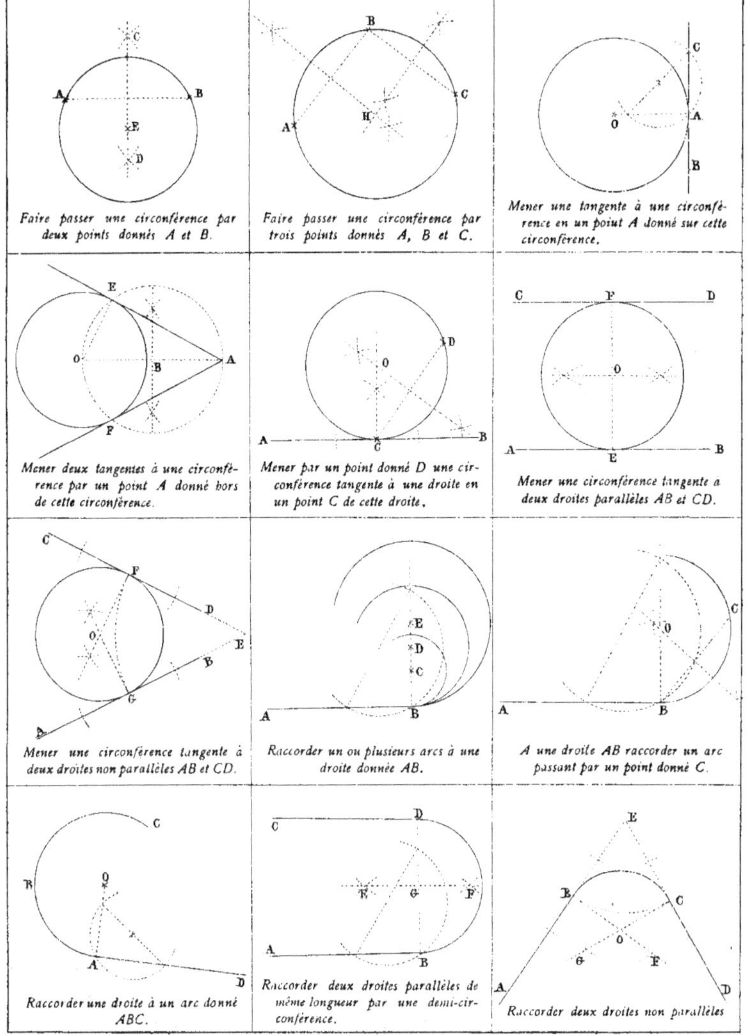

C
A B
E
D
Faire passer une circonférence par
deux points donnés A et B.

B
C
A
H
Faire passer une circonférence par
trois points donnés A, B et C.

C
A
O
B
Mener une tangente à une circonfé-
rence en un point A donné sur cette
circonférence.

E
O
B
A
F
Mener deux tangentes à une circonfé-
rence par un point A donné hors
de cette circonférence.

O
D
A
C
B
Mener par un point donné D une cir-
conférence tangente à une droite en
un point C de cette droite.

C
F
D
O
A
E
B
Mener une circonférence tangente a
deux droites parallèles AB et CD.

C
F
D
O
E
B
A
G
Mener une circonférence tangente à
deux droites non parallèles AB et CD.

E
D
C
A
B
Raccorder un ou plusieurs arcs à une
droite donnée AB.

C
O
A
B
A une droite AB raccorder un arc
passant par un point donné C.

C
O
B
A
D
Raccorder une droite à un arc donné
ABC.

C
D
F
G
F
A
B
Raccorder deux droites parallèles de
même longueur par une demi-cir-
conférence.

E
B
C
O
G
F
A
D
Raccorder deux droites non parallèles

CIRCONFÉRENCES TANGENTES ENTRE ELLES ET RACCORDEMENT D'ARCS ENTRE EUX

PRINCIPE — **Le point de tangence de circonférences ou le point de raccordement d'arcs se trouve sur la ligne qui joint les centres.**

13e problème. — *Tracer une circonférence tangente à une autre en un point B et passant par un point C pris à l'extérieur de cette circonférence.*

On joint le centre A de la circonférence donnée au point de tangence B par une droite que l'on prolonge. On joint le point de tangence B au point donné C. On élève une perpendiculaire sur le milieu de BC. Du point de rencontre O comme centre, avec OB pour rayon, on trace la circonférence demandée.

14e problème. — *Tracer une circonférence tangente à une autre en un point B et passant par un point C pris à l'intérieur de la circonférence.*

On joint le centre A de la circonférence donnée au point de tangence B ; on joint le point B au point C. On élève une perpendiculaire sur le milieu de BC. Du point de rencontre D comme centre, avec DB pour rayon, on trace la circonférence demandée.

15e problème. — *A un un arc donné ABC raccorder un autre arc passant par le point D pris à l'intérieur de l'arc donné.*

On joint le centre O de l'arc donné à l'extrémité C de cet arc, puis on joint le point C au point D. On élève une perpendiculaire sur le milieu de CD. Du point de rencontre E comme centre, avec le rayon EC, on trace l'arc demandé.

16e problème. — *A un arc donné ABC raccorder un autre arc passant par un point P pris à l'extérieur de l'arc donné.*

On joint le centre O de l'arc donné au point de raccord C par une droite que l'on prolonge. On joint le point C au point D et on élève une perpendiculaire sur le milieu de CD. Du point de rencontre E comme centre, avec le rayon EC, on trace l'arc demandé.

17e problème. — *Raccorder deux droites parallèles AB et CD d'inégales longueurs par deux quarts de circonférence.*

On élève les perpendiculaires DE et BF aux extrémités D et B des parallèles. On prolonge CD jusqu'en F. Du point F comme centre on porte la longueur DF en FG sur la perpendiculaire FB. On élève une perpendiculaire sur le milieu de BG. Cette perpendiculaire rencontre les perpendiculaires BF et DE aux points I et J qui sont les centres des deux quarts de circonférence.

18e problème. — *Raccorder deux droites parallèles AB et CD d'inégales longueurs.*

On élève les perpendiculaires BF et DE aux extrémités B et D des parallèles. On prend pour centre du 1er arc un point F sur BF à une distance assez petite de B (cette distance ne doit jamais être aussi grande que la demi-distance des parallèles). On porte la longueur BF de D en G, on joint les points G et F et on élève une perpendiculaire sur le milieu de GF. Le point de rencontre E est le centre du 2e arc. On trace la ligne EF que l'on prolonge pour avoir le point de raccord H.

FIGURES CURVILIGNES

19e problème. — *Tracer une ogive connaissant sa largeur et sa hauteur.*

Tracer deux droites verticales AB et CD espacées de la largeur donnée BD. Elever une perpendiculaire sur le milieu de BD. Porter sur cette perpendiculaire la hauteur donnée EF (cette hauteur doit toujours être plus grande que la moitié de la largeur de l'ogive). Joindre le point F aux points B et D. Elever une perpendiculaire sur le milieu de BF et de DF. Des points de rencontre H et G comme centres, tracer les arcs BF et FD de l'ogive.

REMARQUE. — **Les centres H et G peuvent être entre B et D, aux points B et D ou en dehors de BD sur le prolongement de BD.**

20e problème. — *Tracer un ove connaissant la largeur.*

Décrire la circonférence O d'un diamètre AB égal à la largeur donnée. Mener le diamètre CD perpendiculaire sur AB. Joindre les points A et D, B et D par des droites que l'on prolonge: des points A et B comme centres, décrire les arcs AF et BG, du point D comme centre décrire l'arc FG.

21e problème. — *Tracer un ovale connaissant les deux axes.*

Tracer les 2 axes perpendiculaires AB et CD. Joindre les points AC, CB, BD, DA. Du point O décrire la circonférence ECFD, porter la différence AE de C en G, de D en I, en J. Elever une perpendiculaire sur le milieu de AG, de HB, de BJ, de AI. On obtient les points L,N,K,M, centres des arcs à raccorder. Décrire les arcs RCR, RDR, RBR, RAR.

22e problème. — *Tracer une anse de panier connaissant la largeur et la hauteur.*

Tracer la droite AB largeur de l'anse. Elever une perpendiculaire sur le milieu de AB. De F comme centre, décrire la demi-circonférence AEB. Porter sur cette demi-circonférence trois fois le rayon. Joindre les points de division AC, CE, ED, DB. Mener les rayons CF, DF. Porter FG hauteur de l'anse. Mener les parallèles GH et GI à EC et à ED. Mener les parallèles HK et IK aux rayons CF et DF. Les points L, M et K sont les centres des arcs de l'anse, raccordés en I et en H.

23e problème. — *Tracer une spirale à 4 centres.*

Construire le carré ABCD et prolonger les côtés dans le même sens. Du point A comme centre décrire le quart de circonférence DE. Du point B comme centre décrire le quart de circonférence EF et ainsi de suite en prenant successivement les sommets du carré comme centres de quarts de circonférence ayant des rayons de plus en plus grands.

24e problème. — *Tracer une ellipse connaissant les deux axes, au moyen d'une bande de papier.*

Tracer les 2 axes perpendiculaires. Porter sur une bande de papier la longueur GE du demi-petit axe, puis la longueur GH du demi-grand axe. Placer cette bande de papier dans diverses positions de telle façon que le point E soit constamment sur le grand axe et le point H sur le petit. Les positions successives occupées par le point G donnent autant de points de l'ellipse. Marquer ces points au fur et à mesure et les réunir par une courbe tracée à main levée.

Déterminer les foyers. — Du point C comme centre avec une ouverture de compas égale au demi-grand axe, tracer l'arc de cercle FF' — Les points d'intersection F et F' sont les foyers.

TRACÉ GÉOMÉTRIQUE

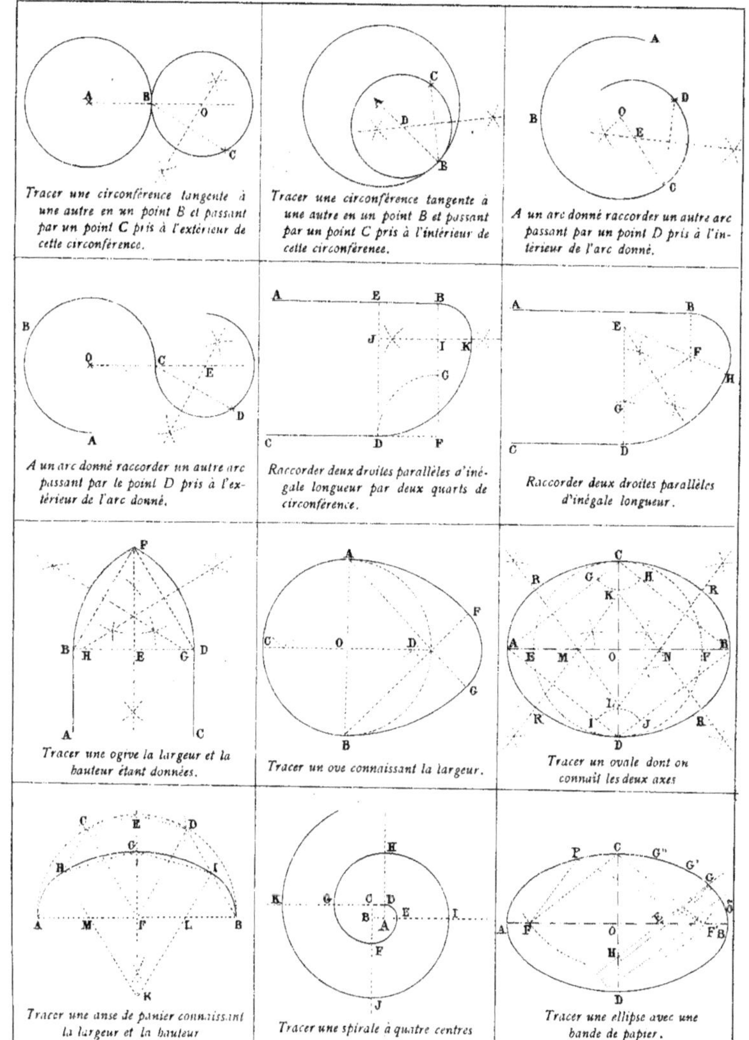

Tracer une circonférence tangente à une autre en un point B et passant par un point C pris à l'extérieur de cette circonférence.

Tracer une circonférence tangente à une autre en un point B et passant par un point C pris à l'intérieur de cette circonférence.

A un arc donné raccorder un autre arc passant par un point D pris à l'intérieur de l'arc donné.

A un arc donné raccorder un autre arc passant par le point D pris à l'extérieur de l'arc donné.

Raccorder deux droites parallèles d'inégale longueur par deux quarts de circonférence.

Raccorder deux droites parallèles d'inégale longueur.

Tracer une ogive la largeur et la hauteur étant données.

Tracer un ove connaissant la largeur.

Tracer un ovale dont on connaît les deux axes.

Tracer une anse de panier connaissant la largeur et la hauteur.

Tracer une spirale à quatre centres.

Tracer une ellipse avec une bande de papier.

Panneau à jour.

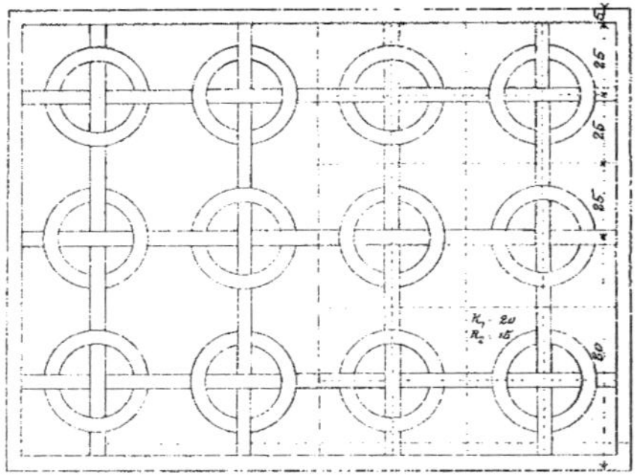

Carrelage.

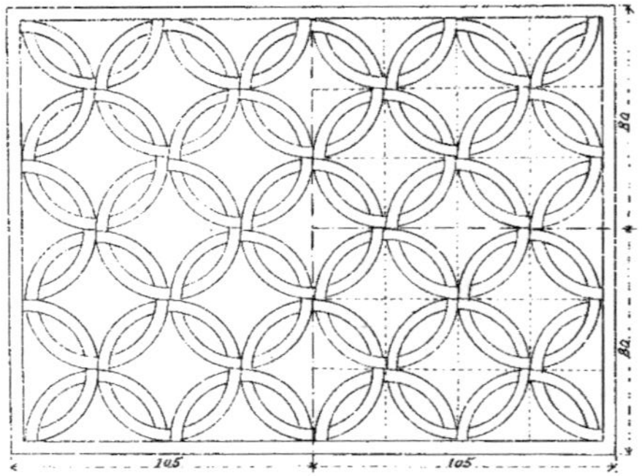

Balcon.

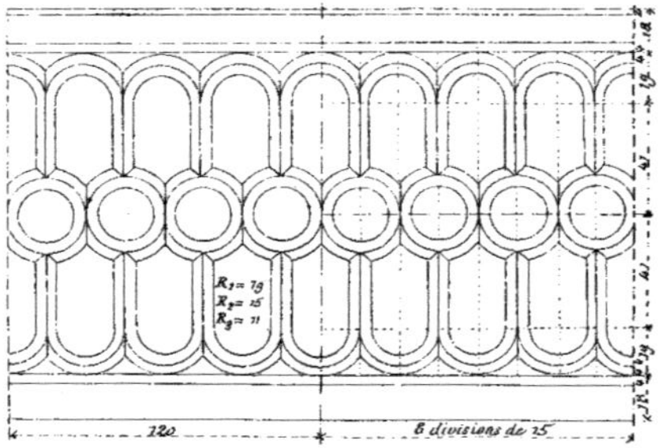

Décoration.

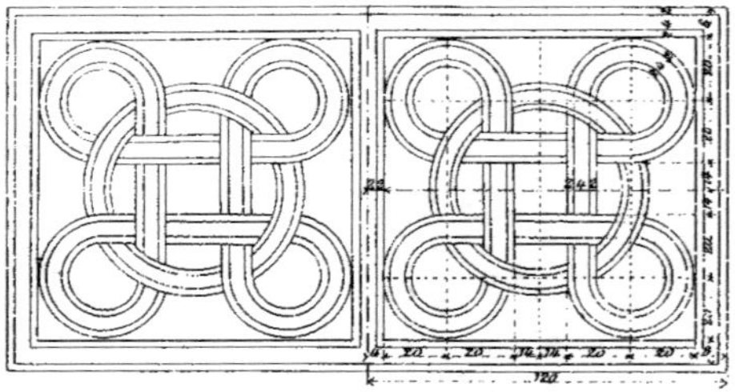

Chacun de ces dessins peut donner lieu à un exercice de lavis.

LE DESSIN LINÉAIRE

Le dessin linéaire ou graphique *est l'art de représenter par des lignes les contours des surfaces et des objets*. Il comprend deux parties.

1º **Le dessin perspectif** *par lequel on représente les objets* **tels qu'on les voit** *d'un point de vue particulier* (Figure 1).

Le dessin fait d'après les régles de la perspective donne l'illusion de l'objet et le fait reconnaitre facilement. Mais dans un dessin semblable la forme et les dimensions véritables ne sont pas conservées et varient avec les différents points de vue, c'est-à-dire avec les différentes positions du spectateur par rapport à l'objet.

2º **Le dessin géométral** *par lequel on représente les objets* **tels qu'ils sont réellement**. (Figure 2).

Il donne la vraie forme et les vraies dimensions de l'objet ou des dimensions toutes réduites proportionnellement Il est, par cela même, le dessin industriel par excellence, le dessin des ateliers, celui que tout ouvrier doit savoir lire parfaitement.

Le dessin perspectif et le dessin géométral s'exécutent soit à la main sans le secours d'autres instruments que le crayon ou la plume, soit géométriquement à l'aide des instruments de dessin, compas, règles, équerres, etc.

Il y a par suite deux sortes de dessins perspectifs : 1º le dessin perspectif à la main appelé dessin à vue, dessin d'imitation ou perspective d'observation, 2º le dessin perspectif aux instruments appelé perspective exacte ou perspective géométrique ; et deux sortes de dessins géométraux: 1º le dessin géométral à la main appelé croquis à main levée : 2º le dessin géométral aux instruments appelé dessin géométral exact ou dessin géométrique et qui consiste dans la mise au net du croquis à main levée.

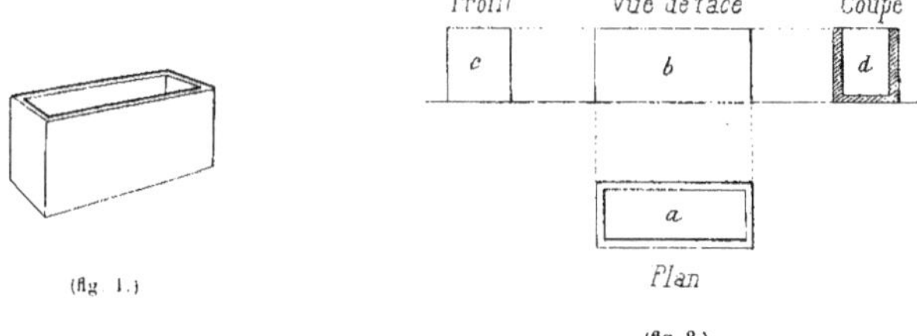

LE DESSIN GÉOMÉTRAL. — NOTIONS ÉLÉMENTAIRES SUR LES PROJECTIONS

Le dessin géométral est *supposé* obtenu en *projetant* l'objet sur un *tableau* ou *plan placé en arrière, parallèlement a la face qu'on veut dessiner.*[1] On le désigne encore pour cette raison sous le nom de **projection.** *Imaginons un tableau ou plan M N* placé derrière l'objet (une équerre par exemple) *parallèlement* à la face à

[1] En dessin géométral on represente ordinairement les objets en dessinant successivement toutes leurs faces ou seulement quelques-unes ou même une seule de ces faces

dessiner. *Supposons* en outre *une lumière* située très loin (un flambeau) en face de l'objet et l'éclairant *perpendiculairement* ainsi que le *plan* placé derrière. *Ce plan reçoit une ombre projetée de même forme et de même dimension que l'objet :* **Cette ombre constitue le dessin géométral, la projection de l'objet.** (Figure 3).

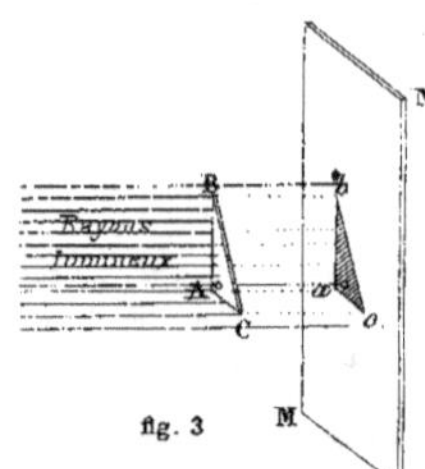
fig. 3

Les *lignes* Aa, Bb, Cc, etc., partant des différents points de l'objet perpendiculairement au tableau pour déterminer par leur rencontre avec le tableau les points correspondants de la projection s'appellent *projetantes*.

On peut obtenir ce *dessin géométral* d'une autre manière.

Plaçons le crayon contre *le bord de l'équerre perpendiculairement au tableau et simulant une projetante.* Faisons-le glisser le long de ce bord et tout autour, *parallèlement* à lui-même. La pointe du crayon décrit sur le tableau, à la même place, *une figure identique* à celle obtenue par la méthode du flambeau. (Figure 4).

Remarque. — En menant les *trois projetantes* Aa, Bb, Cc et joignant les *trois points d'intersection* a, b, c on obtient *le même dessin géométral* (Figure 4).

RÈGLE. — *Pour trouver la projection d'un objet sur un plan, on mène des principaux points du contour de cet objet autant de projetantes perpendiculaires au plan. On joint convenablement les pieds de ces projetantes et on a la projection demandée.* [1]

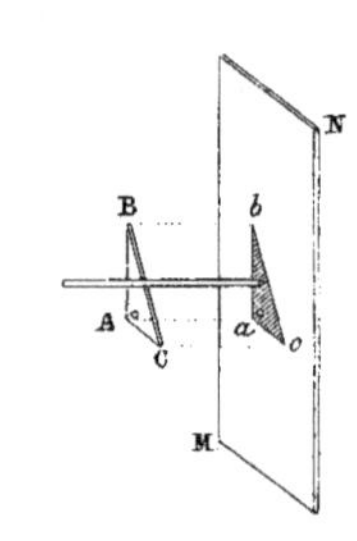
fig. 4

Les deux plans de projection. — Les deux plans de projection les plus employés sont le *plan horizontal* et le *plan vertical* perpendiculaires l'un à l'autre (Fig. 5).

On suppose l'objet placé entre ces deux plans (Fig. 6).

Le plus souvent cependant on le fait reposer sur le *plan horizontal* (Figure 9) qui figure le *sol.* Le *plan vertical* représente alors un *mur.*

La ligne LT qui sépare ces deux plans et qui indique le niveau du *sol* sur lequel repose l'objet s'appelle *ligne de terre.*

Pour avoir une idée exacte de ces deux plans et pour les démonstrations qui suivent on prend un *carton de dessin* qu'on ouvre comme l'indique la *figure 5.*

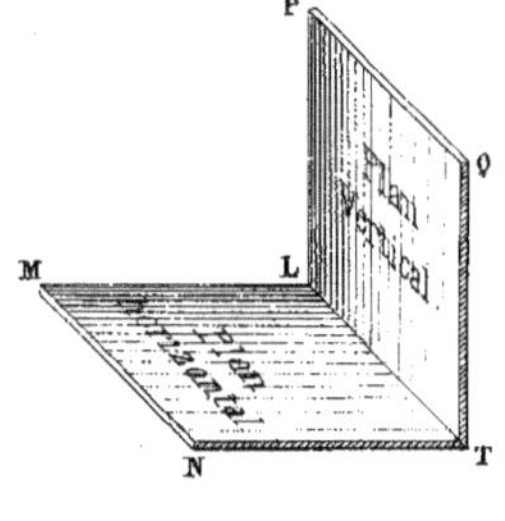

fig. 5

Premier Problème

Trouver les projections d'une bille sur les deux plans de projection horizontal et vertical :

1° **La bille ne touche aucun des deux plans.**

Soit la bille A suspendue au-dessus du plan horizontal à une certaine distance du plan vertical (Figure 6).

---

[1] Dans les exercices qui vont suivre nous continuerons à employer la méthode du flambeau.

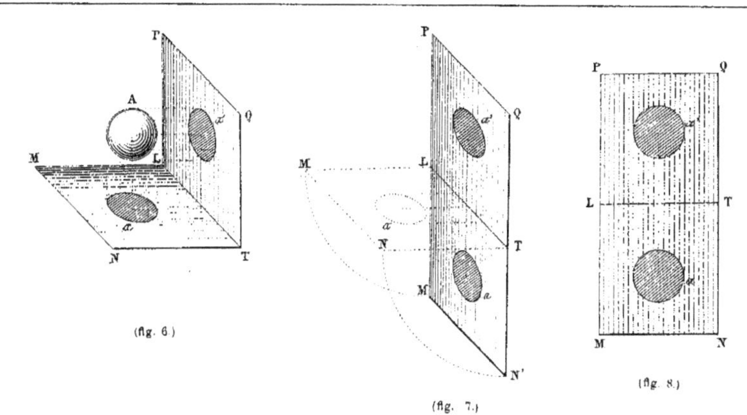

(fig. 6.)

(fig. 7.)

(fig. 8.)

Pour trouver la projection sur le plan horizontal LMNT, plaçons *une lumière* bien *verticalement au-dessus* de la bille. Nous obtenons *sur le plan horizontal un cercle d'ombre* **a** de même grandeur que la bille et situé *de la ligne de terre* à une distance égale à celle qui sépare la bille *du plan vertical. Ce cercle d'ombre* **a** est *la projection* de la bille sur *le plan horizontal* : On l'appelle pour cette raison *projection horizontale* [1]

Pour trouver la projection sur le plan vertical LPQT, déplaçons *la lumière* pour la porter *en avant du plan vertical* bien en face de la bille. Nous obtenons *sur le plan vertical un cercle d'ombre* **a'** de même grandeur que la bille et situé *de la ligne* de terre à une distance égale à celle qui la sépare *du plan horizontal. Ce cercle d'ombre* **a'** est *la projection* de la bille *sur le plan vertical :* On l'appelle pour cette raison *projection verticale.*

REMARQUES : Il est évident qu'on ne peut, sur une même feuille de papier, représenter *ces deux plans perpendiculairement* l'un à l'autre, la feuille ne représentant *qu'un plan unique. On ramène le plan horizontal dans le prolongement du plan vertical* en le faisant tourner autour de la ligne de terre LT comme charnière (Fig. 7). *La projection* **a** *suit le plan horizontal* dans son mouvement (Fig. 7).

La figure 7 nous montre les deux plans dans une position oblique par rapport à nos rayons visuels. En les tournant de manière à les voir en face (Fig. 8) nous remarquons :

1° Que *les deux plans de projection* sont séparés par la *ligne de terre* LT.

2° Que *les lignes qui joignent les centres et les points correspondants des bords de ces deux projections et qui rappellent* en quelque sorte *la correspondance des points dans les deux projections sont verticales et perpendiculaires à la ligne de terre* LT. On les appelle **lignes de rappel verticales**.

2° **La bille repose sur le plan horizontal**, *à une certaine distance du plan vertical.*

Soit la bille A reposant sur le plan horizontal, à une certaine distance du plan vertical (Fig. 9).

Répétons les opérations effectuées précédemment :

La projection horizontale **a** est encore *un cercle* de même grandeur que la bille et exactement situé au-dessous à une distance de *la ligne de terre* égale à celle qui sépare la bille *du plan vertical.* (Figures 9, 10 et 11)

---

(1) La *projection horizontale* est plus souvent désignée sous le nom de *plan.*

La projection verticale **a'** est encore *un cercle* de même grandeur que la bille et exactement situé *à la même hauteur*, c'est à dire *sur la ligne de terre*, (fig. 9, 10 et 11). *Ces deux projections* sont encore *limitées* par *les mêmes lignes de rappel verticales*.

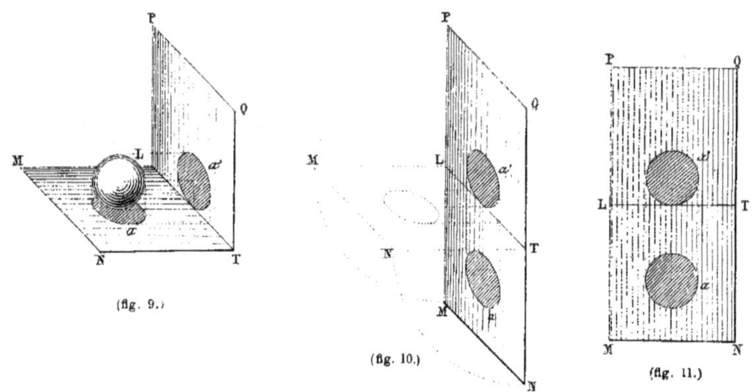

(fig. 9.)

(fig. 10.)

(fig. 11.)

Deuxième problème

Trouver les projections (horizontale et verticale) d'un cylindre posé sur le plan horizontal à un décimètre du plan vertical. (Figure 12).

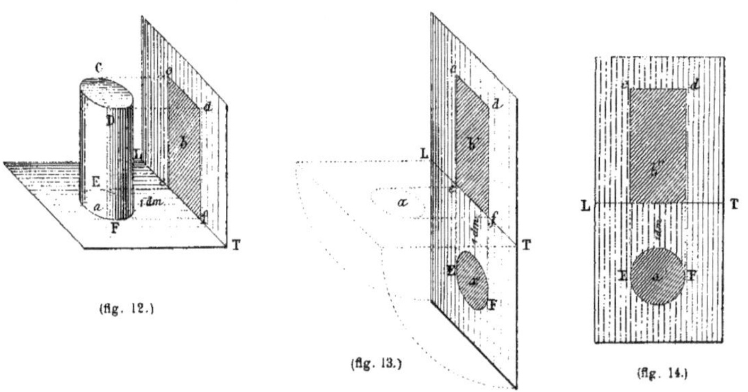

(fig. 12.)

(fig. 13.)

(fig. 14.)

La projection horizontale est un cercle **a** qu'on trouve en traçant une circonférence *sur le plan horizontal* autour de la base du cylindre. *Ce cercle*, exactement de même grandeur que cette base est situé à une distance de *un décimètre de la ligne de terre*, c'est-à-dire à une distance égale à celle qui sépare le cylindre du plan vertical. (Figures 12, 13 et 14).

La projection verticale est un rectangle **c d e f** qu'on trouve en menant des bords C, D, E, F, du cylindre *des projetantes horizontales perpendiculaires au plan vertical. Ce rectangle* de même largeur et de même hauteur que le cylindre *repose sur la ligne de terre L T* (Figures 12, 13, 14).

Ces deux projections sont encore *limitées* par *les mêmes lignes de rappel verticales ceE et dfF*.

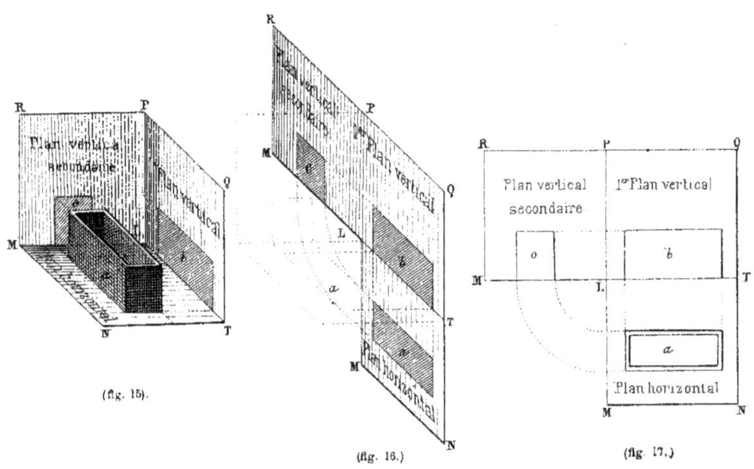

(fig. 15).

(fig. 16.)

(fig. 17.)

Troisième problème

Trouver les projections d'une boîte ayant la forme d'un parallélipipède rectangle, posée sur le plan horizontal à un décimètre du plan vertical et ayant ses deux faces principales parallèles à ce dernier plan (boîte à craie). (Figure 15).

Répétons les opérations effectuées précédemment pour trouver la projection horizontale et la projection verticale.

La projection horizontale est un rectangle **a** exactement situé au-dessous de la boîte.

Ce rectangle de même grandeur que la base de la boîte (c'est-à-dire de même longueur et de même largeur) est situé, comme la boîte du plan vertical, *à un décimètre de la ligne de terre*. (Figures 15, 16 et 17).

La projection verticale est un rectangle **b** de même longueur et de même hauteur que la boîte. L'objet reposant sur *le plan horizontal*, la projection verticale repose *sur la ligne de terre*. (Figures 15, 16 et 17).

Projection de profil. — *Deux projections ne suffisent pas toujours pour donner une idée exacte de la forme de l'objet.* Les deux projections obtenues de la boîte ne représentent que deux sortes de ses faces : *les deux bases et les deux grands côtés*. Il reste à représenter *les faces des bouts*.

Pour trouver la projection *de ces dernières*, plaçons, à gauche de la boîte, *un plan vertical secondaire* LMRP perpendiculaire à la fois *aux deux plans primitifs* et parallèle *aux faces à dessiner*. (Figure 15).

La projection de la boîte sur ce plan, trouvée d'après le même procédé (c'est-à-dire en plaçant une lumière en avant de ce plan en face de la boîte, ou en menant des quatre sommets des bouts des projetantes perpendiculaires à ce même plan) est un *rectangle* c de même largeur et de même hauteur que la boîte et reposant *sur la ligne ML* qui est une autre ligne de terre, *à un décimètre du bord PL du plan vertical primitif LPQT*.

On l'appelle *projection verticale de profil* ou *de côté* par opposition à la première qu'on désigne sous le nom de *projection verticale de face*. (Voir la remarque I qui suit).

Coupe. — *Les trois projections : projection horizontale* a, *projection verticale de face* b, *projection verticale de profil* c, (figures 15, 16 et 17), ne nous donnent pas encore une idée complète de l'objet. Par exemple, nous ne voyons pas comment *il est constitué intérieurement*. Nous allons le supposer *coupé verticalement* en travers (fig. 18), et *projeter la partie A de cette coupe* sur un *deuxième plan vertical secondaire* TNSQ placé perpendiculairement aux *deux plans primitifs* et parallèlement à *la direction de coupe et au premier plan vertical secondaire*, (fig. 19). La partie B de la coupe est supposée enlevée (fig. 20).

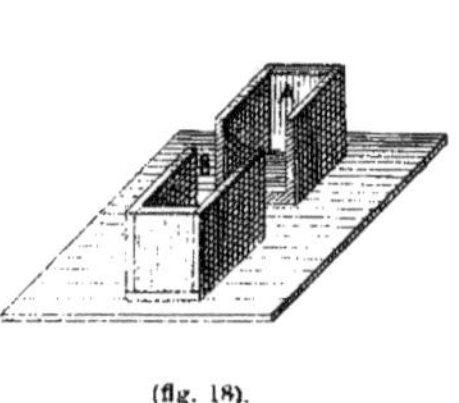
(fig. 18).

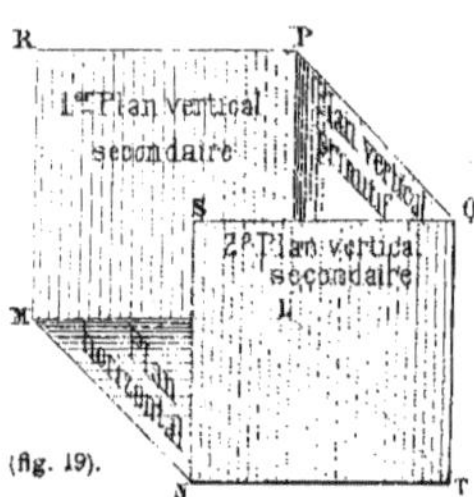

(fig. 19).

La projection de la partie A de la coupe sur le deuxième plan vertical, trouvée toujours d'après les mêmes procédés *est un rectangle* d de même largeur et de même hauteur que la boîte et reposant *sur la ligne TN* qui est une autre ligne de terre à *1 décimètre du bord QT du plan vertical primitif* LPQT (fig. 20 et 21).

On l'appelle *projection de la coupe verticale* ou simplement *coupe verticale*.

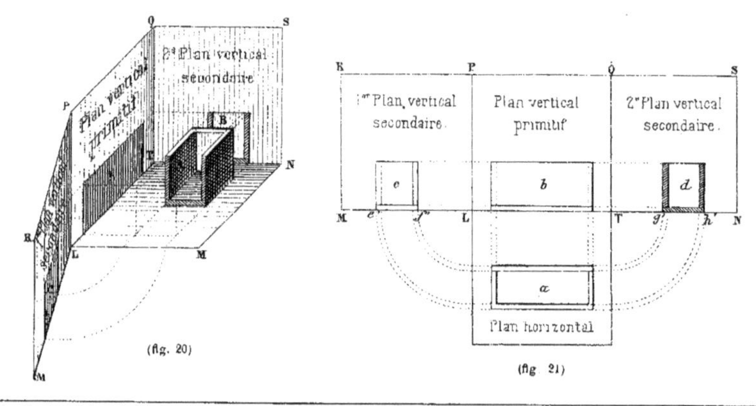

REMARQUE I. — *On ramène les quatre plans de projection* (fig. 19 et 20) *en un plan unique* (fig. 21) : 1° le premier plan vertical secondaire dans le prolongement du plan vertical primitif en le faisant tourner à gauche autour de PL comme charnière ; 2° le deuxieme plan vertical secondaire dans le prolongement du plan vertical primitif en le faisant tourner à droite autour de QT comme charnière ; 3° le plan horizontal dans le prolongement du plan vertical primitif en le faisant tourner en bas autour de LT comme charnière.

Les lignes de terre secondaires ML et TN (fig. 19 et 20) sont venues se placer *dans le prolongement de la ligne de terre primitive LT* (fig. 21).

Les points e' et f', g' et h' des projections c *et* d *on décrit des quarts de circonférences* appelés *lignes de rappel circulaires.*

Principes des dimensions. — L'examen de la figure 21 qui montre les quatre projections telles qu'elles ont été successivement obtenues, nous permet d'établir *les principes suivants* :

1° *Les trois projections verticales* b, c, d, *sont limitées en hauteur par une même ligne de rappel horizontale parallèle à la ligne de terre. Elles montrent l'objet en élévation. Les deux projections verticales* b *et* c *sont pour cette raison souvent appelées : la première,* **élévation de face** ; *la deuxième,* **élévation de profil.**

2° *La projection verticale de face donne* la **hauteur** *et* la **longueur** *de l'objet.*

3° *La projection verticale de profil et la coupe verticale donnent* la **hauteur** *et* la **largeur** *de l'objet.*

4° *La projection horizontale donne* la **longueur** *et* la **largeur** *de l'objet.*

5° *Les coupes donnent les* **épaisseurs** *des parois.*

6° **La distance** *de la projection horizontale à la ligne de terre et* **les distances** *du profil et de la coupe aux limites PL et QT du plan vertical primitif,* **sont égales.**

REMARQUE II. — Dans la pratique on n'indique pas *les limites des tableaux ou plans de projection*. On trace seulement *la ligne de terre* pour indiquer la séparation des plans verticaux du plan horizontal. *La longueur du plan vertical* est alors ramenée à *la longueur de la projection verticale de face.* (fig. 22, 23 et exercices d'applications qui suivent).

Lignes intérieures ou de détails. — Dans les projections on représente non-seulement *les contours de l'objet projeté*, mais encore *toutes les arêtes ou lignes intérieures ou de détails que comprend l'objet*, et dont on cherche les *places respectives par rapport aux contours déjà établis.*

On représente par des *lignes pleines* (lignes fines ou lignes fortes) toutes les arêtes que verrait un observateur regardant l'objet perpendiculairement aux plans de projection, c'est-à-dire perpendiculairement aux faces dessinées, et par des *lignes pointillées* (formées de points ronds) toutes celles qui lui seraient cachées. C'est ainsi que dans les projections de la fig. 21 nous avons représenté les lignes intérieures qui indiquent l'épaisseur des parois et leur mode d'assemblage.

On se dispense quelquefois de représenter les arêtes cachées et les lignes d'assemblage (fig. 17).

Dans *les projections de coupes* on recouvre les parties coupées *de hachures ou de teintes plates*. Les hachures sont tracées parallèlement entre elles et obliquement à leur limite. On leur change de sens ou de forces lorsque deux pièces différentes sont accolées et coupées en même temps (fig. 21).

Différentes sortes de coupes. — On fait des *coupes verticales* en *longueur* ou en *largeur*, des *coupes horizontales* à différentes hauteurs et même des *coupes obliques*. Dans tous les cas on en cherche la projection sur un plan de projection *parallèle à la section*. On indique la direction des coupes au moyen de *lignes interrompues* tracées dans les projections verticales de face ou de profil ou dans la projection horizontale. Ces lignes servent à désigner les coupes : on dit, *coupe suivant la ligne* AB, *coupe suivant la ligne* CD, etc., (fig. 23). On dit encore, *coupe transversale* pour désigner une coupe verticale en largeur, *coupe longitudinale* pour désigner une coupe verticale en longueur.

Une coupe horizontale de bâtiment s'appelle *plan*.

Une coupe de terrain, de route, s'appelle *profil*. On dit *profil en long, profil en travers*, pour désigner une coupe longitudinale, une coupe transversale.

Assimilation du dessin géométral au dessin perspectif. — Si le spectateur qui dessine un objet en perspective, c'est-a-dire *tel qu'il le voit d'un seul coup d'œil*, se place *à une distance suffisamment grande* et regarde bien *perpendiculairement une des faces* de l'objet, *le dessin perspectif* qu'il obtient de cette face n'est qu'une véritable *projection géométrale*, c'est-à-dire un dessin représentant cette face *telle qu'elle est réellement, avec sa vraie forme.*

Les dessins géométraux obtenus par la *méthode des projections* peuvent donc être assimilés à des *vues perspectives* de l'objet considéré suivant ses différentes faces, *le spectateur étant supposé placé très-loin.* Ces sortes de *vues perspectives* sont appelées *vues géométrales* et les différentes projections prennent les noms suivants :

Vue de face pour désigner la *projection verticale de face* ou *élévation de face.*

Vue de côté ou *vue de profil* pour désigner la *projection verticale de profil* ou *élévation de profil.*

Vue de dessus ou *vue de dessous* pour désigner la *projection horizontale* ou *plan.*

REMARQUE. — Dans la pratique, pour faire le dessin géométral d'un objet, on n'applique pas la *méthode théorique des projections*. On fait les *vues géométrales* des différentes faces et des différentes coupes de l'objet.

CROQUIS COTÉS

En général ces *vues géométrales* sont faites d'abord approximativement *à main levée*, en vraie grandeur ou en grandeur réduite. On fait ce qu'on appelle un *croquis* auquel on ajoute les *cotes* ou *mesures*, ce qui donne un *croquis coté*. Puis à l'aide des instruments de dessin on fait la *mise au net* de ce croquis coté. C'est cette *mise au net* qui constitue le véritable *dessin géométral* de l'objet.

Règle pour faire un croquis coté. — L'exécution d'un croquis coté comprend trois parties : 1° *exécution du croquis* ; 2° *tracé des lignes d'attente des cotes ;* 3° *mesure et inscription des cotes.*

Exécution du croquis. — On se place assez loin en regard de la face à dessiner, puis promenant l'œil devant cette face de manière à regarder toujours perpendiculairement la partie que l'on considère, on dessine à main levée ce que l'on voit.

On fait d'abord *l'ensemble* ou *contour* qui est un *rectangle* ou une figure pouvant être inscrite dans un *rectangle* facile à reproduire en vraie grandeur ou en grandeur réduite proportionnellement.

On continue par les *lignes principales intérieures* en tenant compte de leurs positions et de leurs dimensions respectives. On exécute de suite autant que possible celles qui ont même direction.

On termine par les *lignes de détails.*

Tracé des lignes d'attente des cotes. — Le croquis ainsi terminé on trace *les lignes d'attente des cotes.* Ce sont des lignes tracées dans le dessin ou en dehors du dessin pour indiquer la direction et la longueur de la partie mesurée. Elles sont interrompues en leur milieu pour permettre l'écriture des cotes et elles portent à leurs extrémités un *petit angle* indiquant le point de départ et le point d'arrivée de la mesure. Lorsqu'elles sont tracées en dehors du dessin on doit les y rattacher au moyen de *lignes d'attache* perpendiculaires à la direction de la longueur mesurée. Toutefois si les deux lignes d'attache d'une même ligne d'attente sont trop rapprochées on les écarte *en soufflet* pour permettre d'écrire plus facilement la cote, (fig. 22 et 23).

Mesure et inscription des cotes. — Puis on mesure les *cotes* que l'on inscrit *aussitôt* dans les places qui leur sont réservées dans les lignes d'attente. On commence par les plus grandes dimensions pour continuer et terminer par les plus petites. On mesure de suite, autant que possible, les cotes qui ont même direction (fig. 23).

REMARQUES. I. — On se contente souvent de faire *une seule vue* de l'objet : celle de la face la plus importante, (objets dont on ne considère que deux dimensions).

II. — Lorsque le même objet comporte *plusieurs vues* à dessiner sur une même feuille de papier (objets à trois dimensions) on juge d'avance de *leur grandeur relative* et l'on partage la feuille en *autant d'espaces* de grandeur correspondante qui comprendront chacune un dessin. Pour la mise en place des différents dessins on adopte la disposition indiquée par la figure 23.

On commence ordinairement par la *vue ou projection* qui caractérise le mieux l'objet, celle qui le fait connaître le plus facilement. Puis, partant de celle-ci, à l'aide de *lignes de rappel* convenables on détermine le plus complètement possible les autres projections avant de se reporter au *modèle*.

III. — Le tout fait d'abord au *crayon* peut être passé à *l'encre*, à *la plume*. Les traits du dessin seront faits à l'encre noire. Les lignes de rappel, les lignes d'attente, les lignes d'attache et les cotes pourront être indiquées à l'encre rouge.

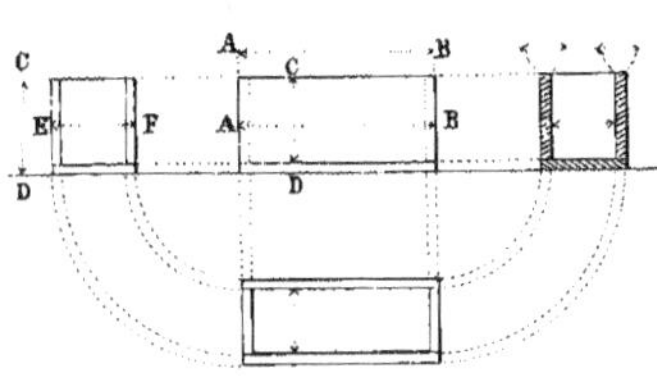

Croquis avec lignes d'attente des cotes
(Les lignes **AB**, **CD**, etc , sont des lignes d'attente)

(Fig 22)

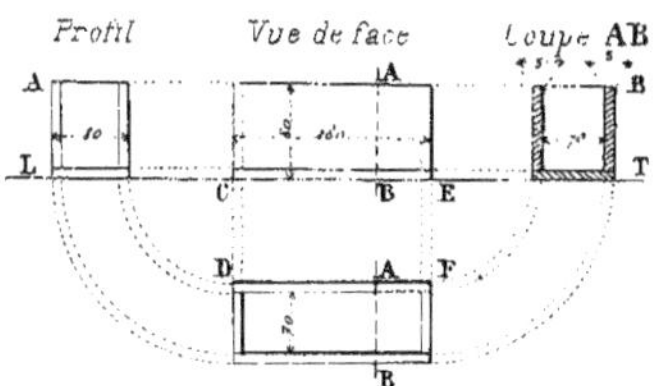

Croquis coté (Les Cotes sont en millimètres.)

(Fig. 23)

MISE AU NET

Le croquis fait à main levée est ensuite *mis au net* par les procédés géométriques à l'aide des instruments de dessin. On dessine d'abord au *crayon*, puis à *l'encre*. L'objet est représenté en *vraie grandeur* ou à *l'échelle*.

Exécution au crayon. — On construit d'abord le cadre. On détermine et on construit l'échelle de reproduction. Enfin on met en place les différentes lignes en suivant l'ordre déjà employé dans *l'exécution du croquis*.

Tracé à l'encre. — On trace d'abord les traits fins et ensuite les traits forts. Afin d'aller plus vite et d'une façon plus régulière, on mène de suite, comme on l'a fait pour le *croquis* et le *tracé au crayon*, toutes les lignes de même direction.

TRAITS FORTS ET TRAITS FINS

Dans le *dessin géométral* pour mieux faire ressortir *le relief* des objets, on emploie *deux sortes de traits :* des *traits fins* et des *traits forts*. [1]

Le trait fin représente une arête qui sépare *deux faces éclairées*.

Le trait fort représente une arête qui sépare *deux faces* dont *l'une est éclairée* et *l'autre dans l'ombre* ou *deux faces dans l'ombre*.

On suppose que les *rayons lumineux* viennent éclairer les objets de *l'arrière à l'avant*, *de haut en bas*, de *gauche à droite*, par rapport au spectateur, suivant la *diagonale AF du cube* posé *parallèlement* par deux de ses faces au *plan horizontal* et au *plan vertical* (fig. 25).

(1) On emploie quelquefois une troisième sorte de trait, le *trait moyen* pour représenter les arêtes qui séparent deux faces dans l'ombre.

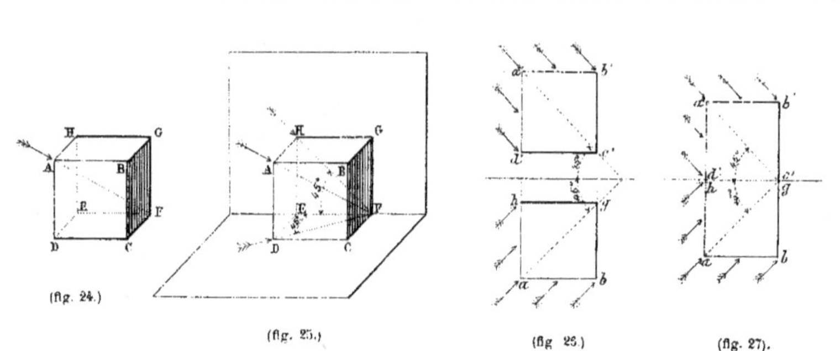

(fig. 24.)   (fig. 25.)   (fig. 26.)   (fig. 27).

La direction des rayons lumineux *en dessin* sera donnée par la *projection* de cette diagonale sur *chaque plan*.

La projection horizontale de *A F* est *DF*, c'est-à-dire la diagonale du carré de la base du cube (fig. 25).

La projection verticale de *A F* est *HF*, c'est-à-dire la diagonale du carré de l'arrière du cube (fig. 25).

Ce sont donc *deux lignes à 45°* par rapport à *EF* et à la *ligne de terre* (fig. 25).

Par suite, *en dessin géométral, les rayons lumineux sont supposés venir de gauche à droite se diri-geant vers la ligne de terre suivant un angle de 45°*, (figures 26 et 27).

Problème

Trouver les traits fins et les traits forts des projections du cube.

1° *Le cube ne touche aucun des plans de projection* (fig. 26).

Projection horizontale. — La projection horizontale est un carré *abgh*.

La ligne *ab* représentant l'arête *AB* qui sépare deux faces éclairées (l'avant et le dessus) est *fine*.

La ligne *ah* représentant l'arête *AH* qui sépare deux faces éclairées (le dessus et le côté gauche) est *fine*.

La ligne *bg* représentant l'arête *BG* qui sépare une face éclairée (le dessus) d'une face dans l'ombre (le côté droit) est *forte*.

La ligne *gh* représentant l'arête *GH* qui sépare une face éclairée (le dessus) d'une face dans l'ombre (l'arrière) est *forte*.

RÈGLE. — En général, dans les projections horizontales les lignes de gauche et du bas sont fines, les lignes de droite et du haut sont fortes.

Projection verticale. — La projection verticale est un carré *a'b'c'd'*.

La ligne *a'b'* représentant l'arête *AB* qui sépare deux faces éclairées (l'avant et le dessus) est *fine*.

La ligne *a'd'* représentant l'arête *AD* qui sépare deux faces éclairées (l'avant et le côté gauche) est *fine*.

La ligne *b'c'* représentant l'arête *BC* qui sépare une face éclairée (l'avant) d'une face dans l'ombre (le côté droit) est *forte*.

La ligne *d'c'* représentant l'arête *DC* qui sépare une face éclairée (l'avant) d'une face dans l'ombre (le dessous) est *forte*.

RÈGLE. — En général dans les projections verticales les lignes de gauche et du haut sont fines, les lignes de droite et du bas sont fortes.

2° *Le cube touche les deux plans* (fig. 27).

La projection horizontale et la projection verticale sont deux carrés touchant la ligne de terre.

Les lignes *ab*, *ah*, *a'b'*, *a'd'* sont fines ; les lignes *bg* et *b'c'* sont *fortes* (comme dans le cas précédent).

Mais la ligne *gh* représentant l'arête *GH* qui sépare la face de dessus (éclairée) du plan vertical (éclairé) contre lequel s'appuie la face de l'arrière du cube, est *fine* et se *confond* avec la ligne de terre qui elle-même doit être *fine* comme séparant deux plans éclairés.

De même la ligne *d'c'* représentant l'arête *DC* qui sépare la face de devant (éclairée) du plan horizontal (éclairé).

<hr>

ÉCHELLE DE RÉDUCTION

Si on a, par exemple, à dessiner une porte de **2ᵐ de haut**, il est évident que l'on ne peut faire le *dessin* **aussi grand** que la *porte elle-même*, l'étendue de la feuille n'y suffirait pas. On fait donc le *dessin* **plus petit en** *réduisant uniformément* **toutes les dimensions**, de manière à obtenir une figure **parfaitement semblable** à la porte. Si la porte, en dessin, a 0ᵐ2 de haut, on a *réduit* la **hauteur** de la porte au $\frac{1}{10}$; *toutes les autres mesures* sont aussi *réduites* dans la *même proportion*. On dit alors que le *dessin* est fait à **l'échelle de** $\frac{1}{10}$ ou de 0ᵐ1 *pour mètre*, car 1 décimètre *en dessin représente 1 mètre dans la porte.*

Cette fraction $\frac{1}{10}$ est obtenue en **divisant** la *longueur d'une ligne du dessin* par la *longueur de la ligne correspondante de l'objet.* **Donc pour trouver l'échelle à laquelle un dessin a été fait, on établit le rapport par quotient entre la longueur d'une ligne du dessin et la longueur de la ligne correspondante de l'objet :** $\frac{\text{Dessin}}{\text{objet}}$

EXEMPLE : Une maison de 10 mètres de haut représentée par une figure de 0ᵐ2 de haut a été dessinée à l'échelle de $\frac{\text{dessin}}{\text{objet}}$ ou $\frac{0^m2}{10} = 0.02$ (0ᵐ02 pour 1 mètre) ou de $\frac{2}{100}$ ou de $\frac{1}{50}$

Détermination de l'échelle

Par ce qui précède, on voit, qu'*étant données* les **dimensions d'un objet** et une **feuille de papier**, il est facile de *déterminer* l'échelle *convenable* à la *construction du dessin*. Il suffit de **diviser la longueur** de la *plus grande dimension à donner au dessin* **par la plus grande dimension** *de l'objet.*

EXEMPLES : I. — *Le dessin ne comprend qu'une seule vue de l'objet.*

On figure, en un petit croquis, le cadre de la feuille, le rectangle capable du dessin avec les cotes et la ligne qui servira à la construction de l'échelle. On juge à priori du sens de la feuille (hauteur ou largeur) le plus rempli par le dessin et on calcule l'échelle pour ce sens. On vérifie ensuite si l'échelle trouvée peut s'appliquer à l'autre sens de la feuille.

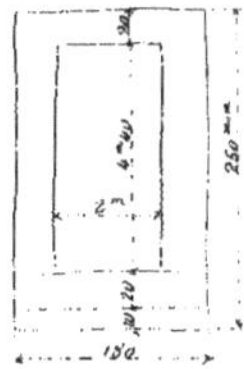

Soit à calculer l'échelle pour le sens de la hauteur.

La hauteur du dessin est égale à la hauteur du cadre, moins la somme des espaces réservés entre le cadre, le dessin et la ligne de l'échelle dont les dimensions sont fixées d'avance, soit : 250 millim. —(20+20+10) = 200 millimètres.

La cote correspondante de l'objet est : 4ᵐ40.

D'où l'échelle $\frac{\text{dessin}}{\text{objet}} = \frac{0^m200}{4^m40} = 0.045$ (0ᵐ045 pour 1 mètre).

II. — *Le dessin comprend plusieurs vues de l'objet.*

On figure, en un petit croquis, le cadre de la feuille, les rectangles capables des différentes vues avec les cotes et la ligne de l'échelle. On juge à priori du sens de la feuille le plus rempli par le dessin et on calcule l'échelle pour ce sens. On vérifie ensuite si l'échelle trouvée peut s'appliquer à l'autre sens de la feuille.

Soit à calculer l'échelle pour le sens de la largeur.

La largeur du dessin, les trois élévations réunies (se touchant) est égale à la largeur du cadre, moins la somme des espaces réservés entre le cadre et ces vues, soit : 250 millimèt. —(5+5+5+5) = 230 millimètres.

La largeur correspondante de l'objet est égale à la somme des cotes en largeur des trois élévations, soit : 0ᵐ66+1,90+0,66 = 3ᵐ72.

D'où l'échelle $\frac{\text{dessin}}{\text{objet}} = \frac{0m230}{3m72} = 0,07$ (0ᵐ07 pour 1 mètre).

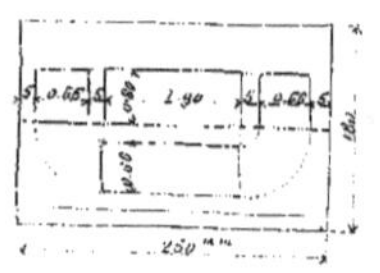

Construction de l'échelle

EXEMPLES : I. — *Échelle de* $\frac{1}{25}$

On transforme la fraction ordinaire $\frac{1}{25}$ en fraction décimale : $\frac{1}{25} = 0,04$ (0ᵐ04 pour 1 mètre).

Sur une ligne indéfinie on **porte une longueur de 0ᵐ04** représentant **1 mètre**. On divise cette *longueur* en **10 parties égales** représentant des **décimètres**. On porte, à la **droite de ces** *divisions*, un *certain nombre* de **longueurs égales à ces divisions**, de manière à pouvoir **mesurer sur** *l'échelle* la **plus grande dimension** *de l'objet*. On divise la **première division à gauche** en **10 parties égales** représentant des **centimètres**. A droite de ces petites divisions on met **0** et on numérote les grandes divisions en allant vers la droite, comme l'indique la figure ci-dessous.

REMARQUE. — Pour *représenter* les **mètres** qui sont indiqués par les *chiffres* **1,2,3...** on fait une marque plus grande.

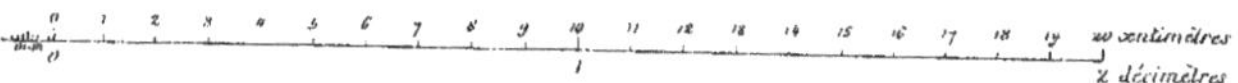

Soit à prendre *sur cette échelle* **2 mètres** ou **20 décimètres**. On met la pointe sèche du compas au nᵒ **20 des** décimètres ou nᵒ **2 des mètres**, on *ouvre* jusqu'au nᵒ **0**.

Soit à prendre 2ᵐ, 2 = 22ᵈᵐ. On met la pointe du compas au nᵒ **22 des décimètres**, on *ouvre* jusqu'au nᵒ **0**.

Soit à prendre 2ᵐ24 = 22ᵈᵐ, 4ᶜᵐ. On met la pointe du compas au nᵒ **22 des décimètres**, on *ouvre* au-delà de **0** jusqu'à la **4ᵉ petite division des centimètres**.

II. — *Échelle de* $\frac{3}{5}$ ($\frac{3}{5} = 0,6$. — 0ᵐ6 pour 1 mètre ou 0ᵐ06 pour 1 décimètre).

Sur une ligne indéfinie, on porte une *longueur de 0ᵐ06* représentant **un décimètre**. On *divise* cette longueur en **10 parties égales** représentant des **centimètres**. On porte à la droite de ces divisions un certain nombre de longueurs égales à ces divisions. On divise la *1ʳᵉ division à gauche* en **10 parties égales** représentant des **millimètres**. On *numérote* comme l'indique la figure.

Soit à prendre sur cette échelle 0ᵐ187 = 18ᶜᵐ, 7ᵐᵐ. On met la pointe sèche du compas au nᵒ **18 des centimètres**, on *ouvre* au-delà de **0** jusqu'à la **7ᵉ division des millimètres**.

III. — *Échelle de* $\frac{1}{50}$ ($\frac{1}{50} = 0,020$. — 0ᵐ020 pour 1 mètre).

Sur une ligne indéfinie on porte plusieurs fois une *longueur de 0ᵐ020* représentant **1 mètre**. On divise la **première** de ces *longueurs* en **10 parties égales** représentant des **décimètres**. On *numérote* comme l'indique la figure ci-dessous.

REMARQUE. — Comme les *divisions* représentant des *décimètres* sont *très petites*, on ne peut comme précédemment *subdiviser* la **première** à *gauche* en centimètres.

Soit à prendre sur cette échelle 3^m7. On met la pointe sèche du compas au n° **3 des mètres**, on *ouvre jusqu'au* n° **7 des décimètres**

Si la cote indique **3^m72**, on mesurera **3^m7** plus une petite partie de la **8e division**.

LE DOUBLE DÉCIMÈTRE ÉCHELLE. — *Dans beaucoup de cas* le **décimètre** ou le **double décimètre** *remplace avantageusement* l'**échelle**.

I. — A l'échelle de $\frac{1}{10}$ *on divise la cote par 10 :* on compte des **décimètres** pour des **mètres**, des **centimètres** pour des **décimetres**, des **millimètres** pour des **centimètres**.

II. — A l'échelle de $\frac{1}{100}$ *on divise la cote par 100 :* on compte des **centimètres** pour des **mètres**, des **millimètres** pour des **décimètres**.

III. — A l'échelle de $\frac{1}{1000}$ *on divise la cote par 1000 :* on compte des **millimètres** pour des **mètres**.

IV. — A l'échelle de $\frac{1}{2}$ $\frac{1}{3}$ $\frac{1}{4}$ $\frac{1}{5}$ *on divise la cote* respectivement par **2, 3, 4, 5.**

V — A l'échelle de $\frac{1}{20}$ $\frac{1}{30}$ $\frac{1}{40}$ $\frac{1}{50}$ *on divise la cote* respectivement par **20** (2 et 10), **30** (3 et 10) ; **40** (4 et 10) ; **50** (5 et 10).

VI. — A l'échelle de $\frac{1}{5}$ *on peut multipler la cote* par **2** et diviser par **10**.

VII. — A l'échelle de $\frac{1}{50}$ *on peut multiplier la cote* par **2** et diviser par **100**.

NOTA. — Les élèves s'exerceront utilement à reproduire d'abord les croquis ou modèles contenus dans cet ouvrage. Ils s'appliqueront ensuite à représenter des objets du genre de ceux dont ils ont le dessin sous les yeux et ils en feront le croquis coté à main levée et la mise au net à une échelle qu'ils détermineront eux-mêmes.

ESCABEAU

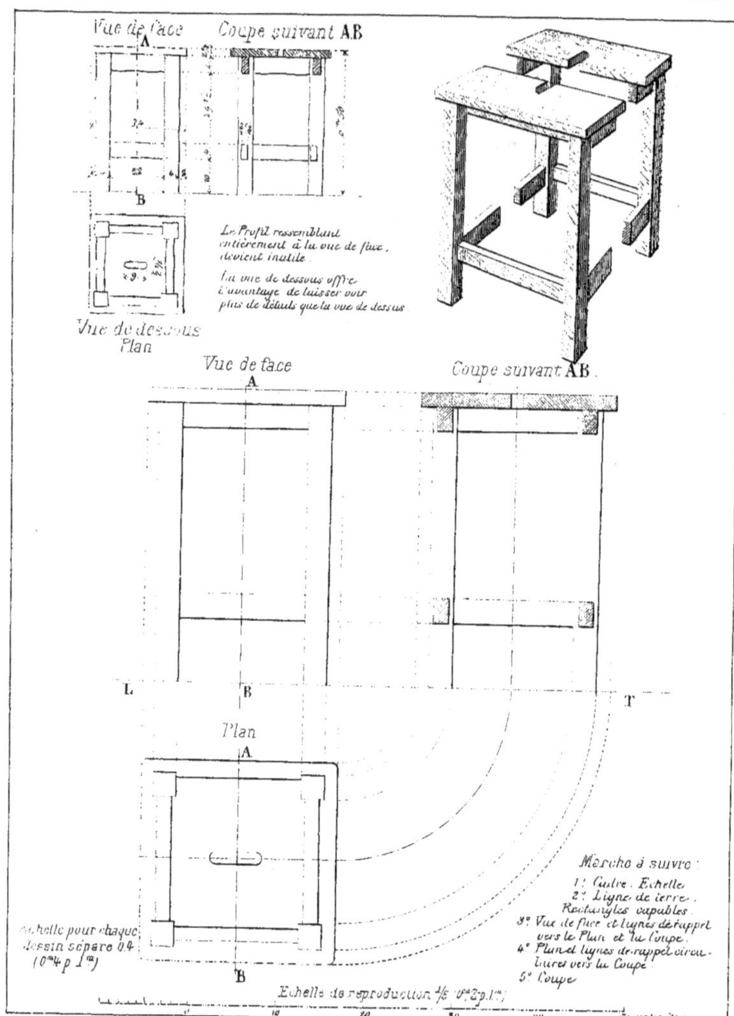

LITRE — POIDS DE 1 KILOGRAMME — PlXIII

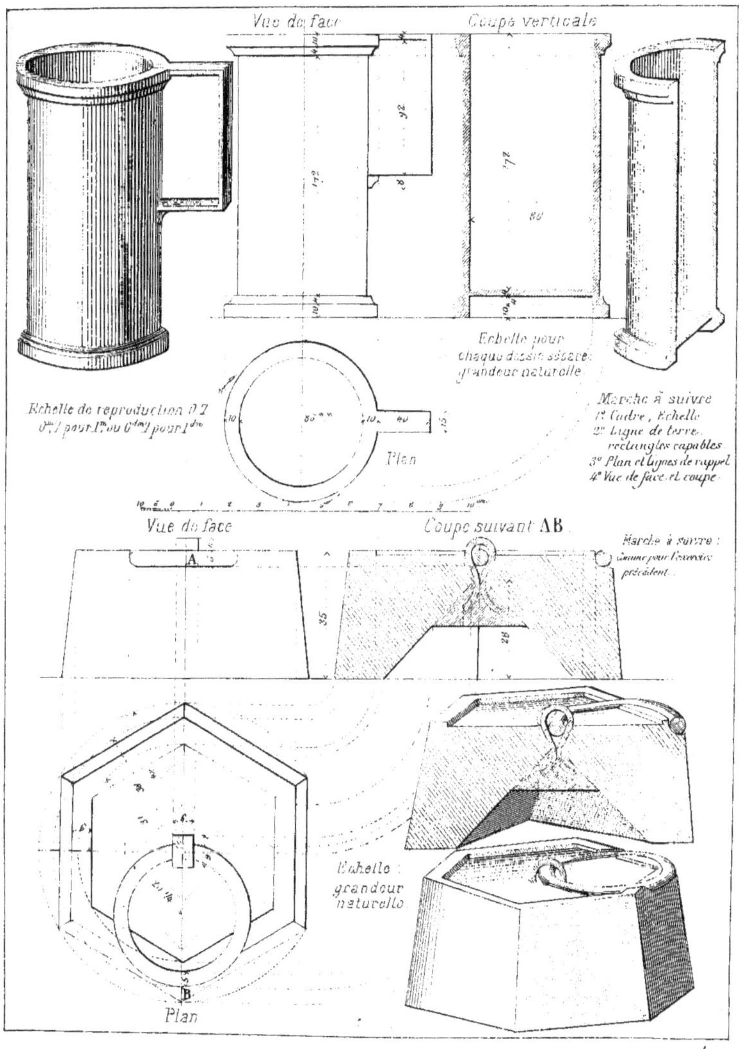

AUGE ._ TRÉTEAU

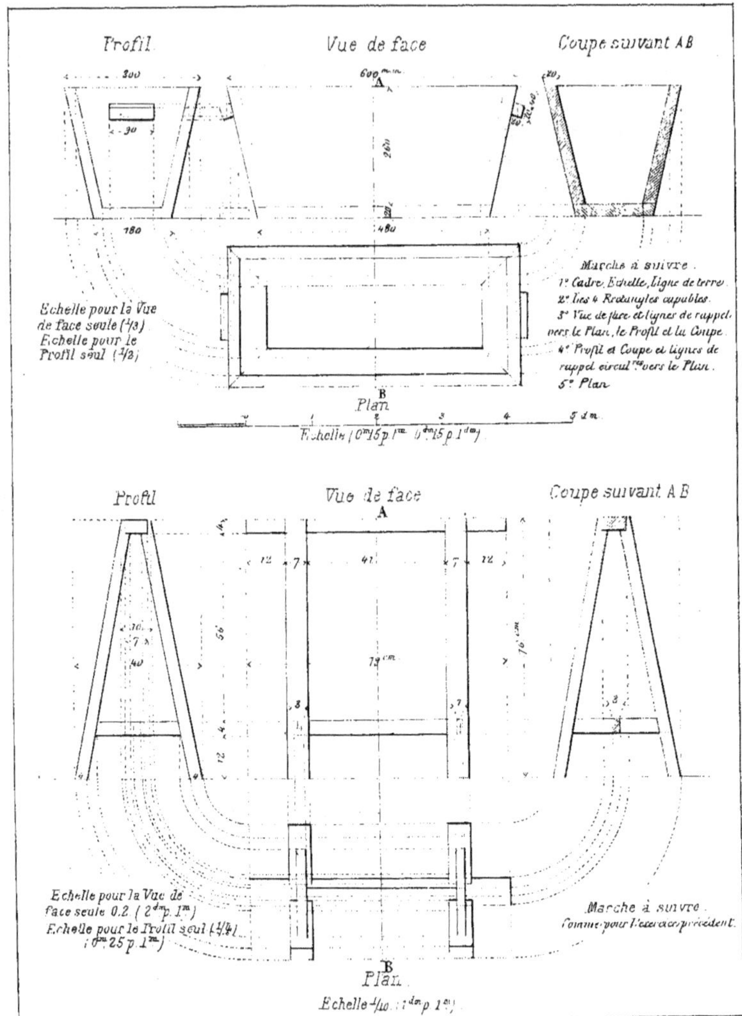

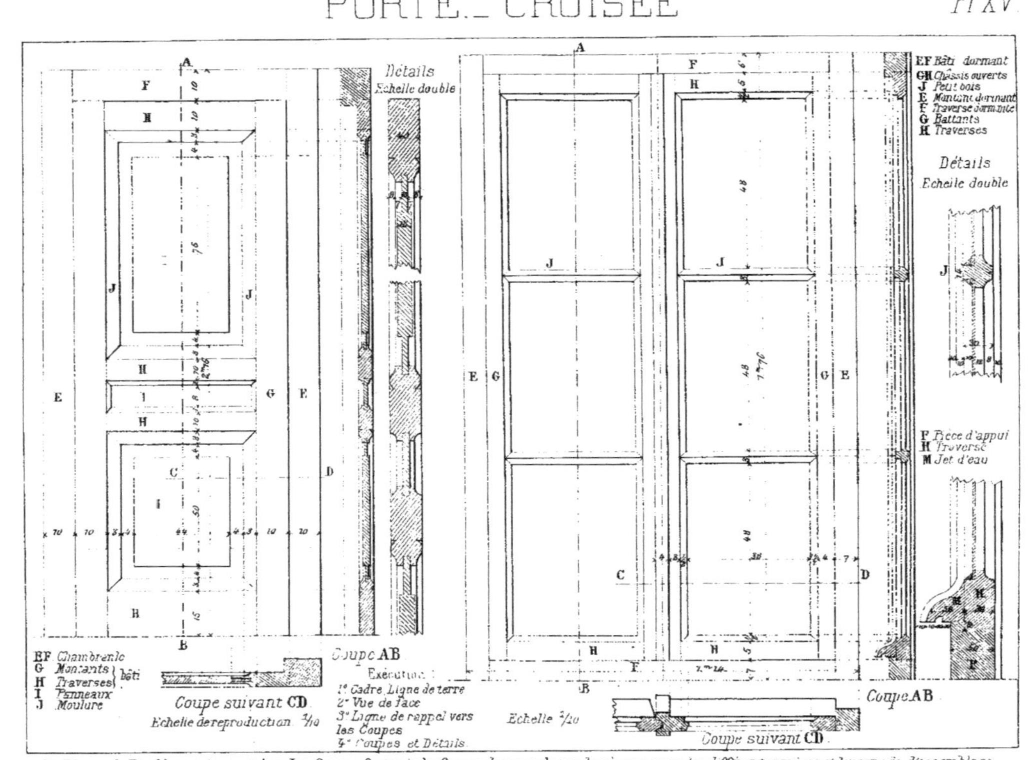

Le Plan et le Profil sont ici inutiles. Les Coupes font voir la forme des moulures, les épaisseurs des différentes pièces et leur mode d'assemblage. Les élèves les moins avancés feront seulement la vue de face.

TABLE — TIROIR.   Pl XVI

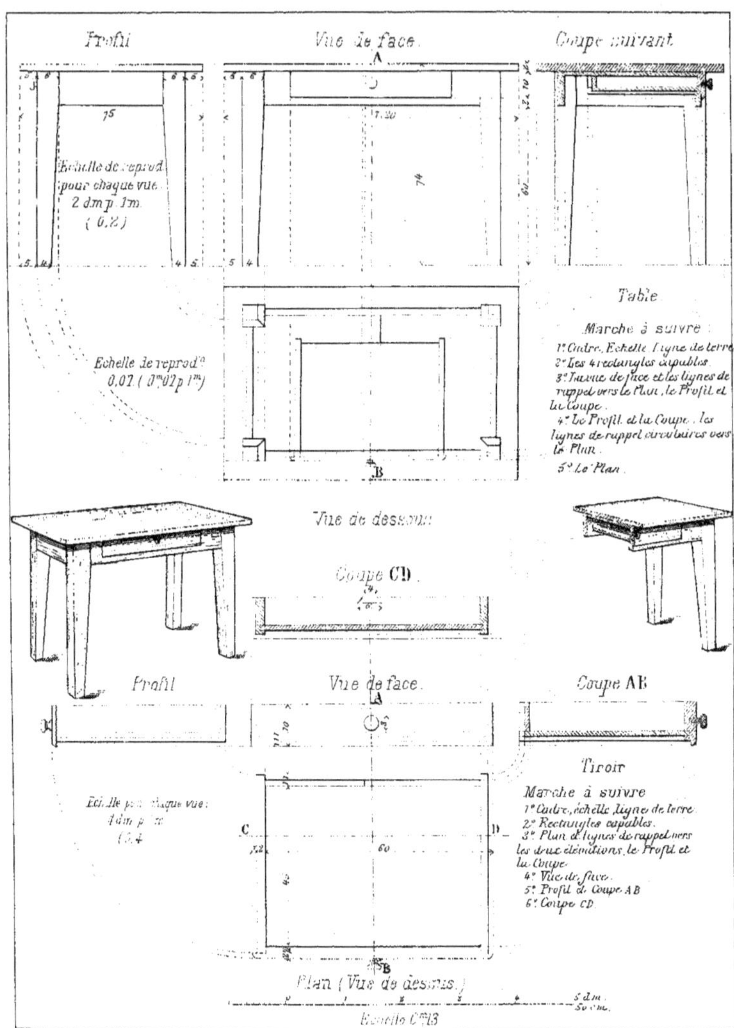

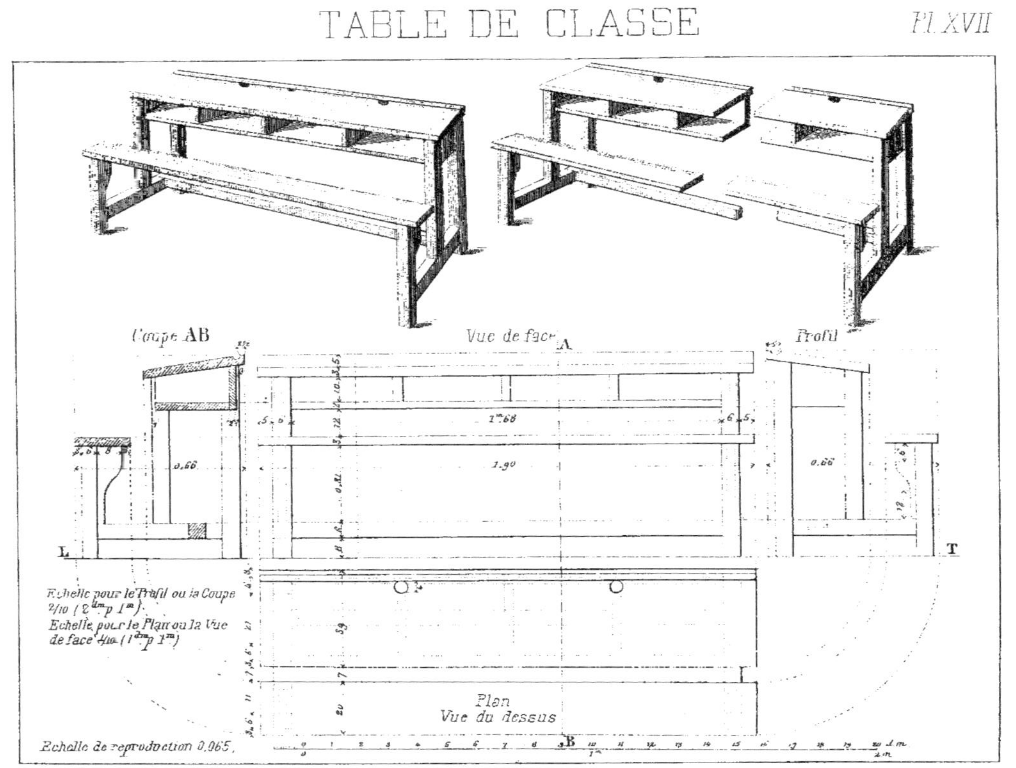

Coupe AB
Vue de face
A
Profil
L
T
B
Plan
Vue du dessus
1m68
1.90
0.66
0.66
Echelle pour le Profil ou la Coupe
2/10 (2dm p 1m)
Echelle pour le Plan ou la Vue
de face 4/10 (1dm p 1m)
Echelle de reproduction 0.065.

FERMES

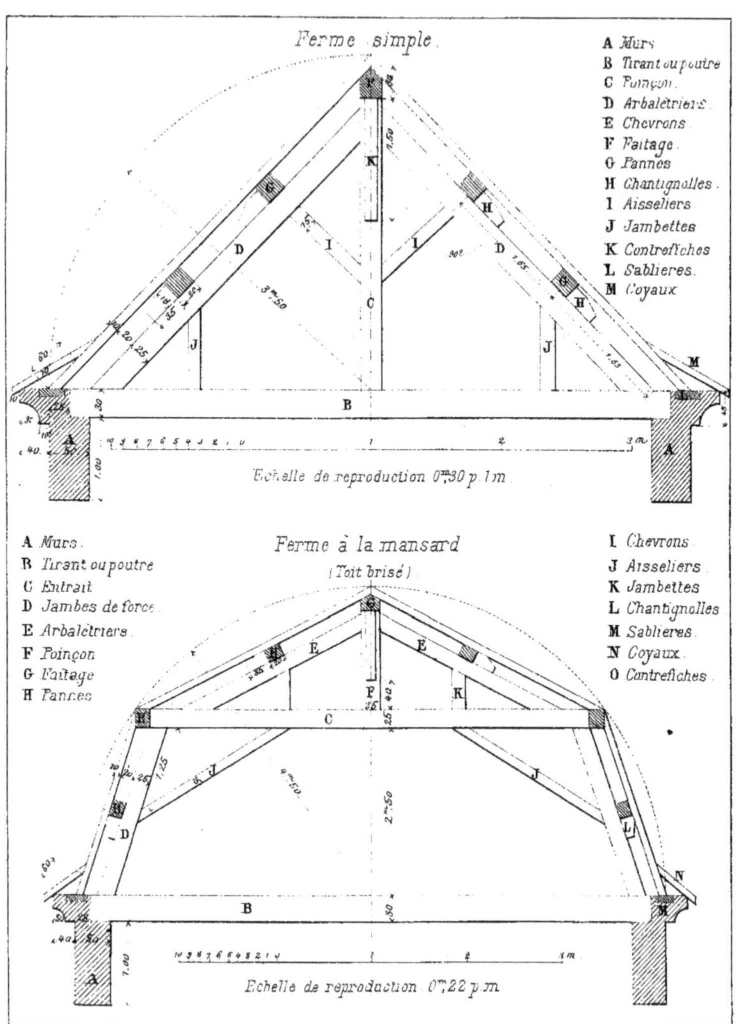

Ces dessins de charpente peuvent servir d'exercices de lavis (teintes plates et teintes conventionnelles)

PAN DE BOIS

Pl. XIX

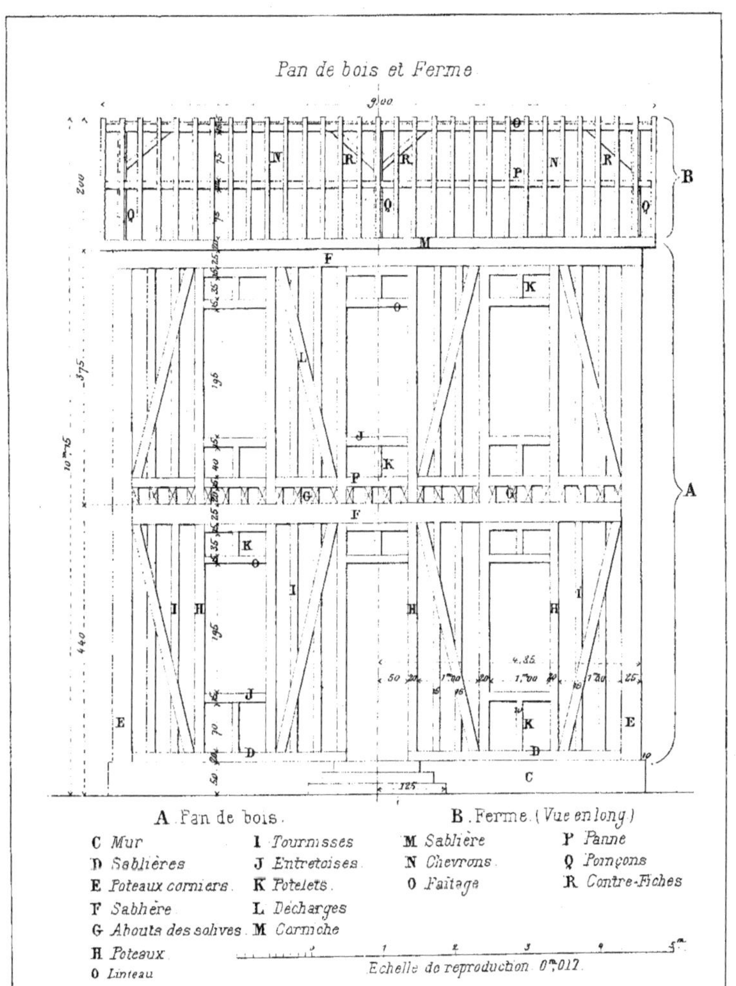

A. Pan de bois. B. Ferme. (Vue en long)

C Mur	I Tournisses	M Sablière	P Panne
D Sablières	J Entretoises	N Chevrons	Q Poinçons
E Poteaux corniers	K Potelets	O Faîtage	R Contre-Fiches
F Sabhère	L Décharges		
G Abouts des solives	M Corniche		
H Poteaux			
O Linteau			

Echelle de reproduction 0ᵐ.017.

DES MOULURES

Les moulures sont des parties saillantes des surfaces d'un ouvrage d'architecture, de menuiserie. etc. Elles sont employées pour ornementer ces surfaces ou pour servir de transition entre leurs grandes divisions.

Il y a *deux sortes de moulures*, **les moulures plates** et **les moulures rondes**.

Moulures plates. — Les moulures plates sont : *le filet, la plate-bande. le larmier*.

Le filet est une moulure plate et étroite dont la saillie est généralement égale à l'épaisseur.

La plate-bande est une moulure plate et large dont la saillie est égale à une fraction de l'épaisseur.

Le larmier est une moulure plate, large et très saillante, située ordinairement au sommet des murs et des colonnes. Il est creusé au-dessous en un canal appelé *mouchette*, destiné à faire tomber l'eau de pluie à quelque distance du pied de l'édifice.

Moulures rondes. — Les moulures rondes sont : *le quart de rond, le cavet, le congé, le tore, la baguette, la gorge, le talon, la doucine et la scotie*.

Le quart de rond est une moulure convexe formée d'un quart de cercle ; un filet et une plate-bande accompagnent souvent le quart de rond.

Le cavet est une moulure concave formée d'un quart de cercle ; un filet du côté de la plus grande saillie et une plate bande de l'autre accompagnent souvent le cavet.

Le congé est un petit cavet.

Le tore ou *boudin* est une moulure convexe de dimensions assez grandes, formée d'un demi-cercle. Il se trouve à la base des colonnes. Le tore est accompagné généralement d'un filet, d'un congé et d'une plate-bande. Sa saillie est ordinairement celle de la plate-bande située au-dessous. Le centre du tore et celui du congé se trouvent sur le prolongement de la ligne verticale du filet.

La baguette est une moulure convexe semblable au tore avec des dimensions beaucoup plus petites. Elle est généralement accompagnée d'un filet et d'un congé. Le centre de la baguette et celui du congé se trouvent sur le prolongement de la ligne verticale du filet qui les sépare.

La gorge est une moulure creuse formée d'un demi-cercle.

Le talon est une moulure mi-concave et mi-convexe, formée de deux arcs de cercle se raccordant entre eux.

La doucine est une moulure mi-convexe et mi-concave, formée comme le talon de deux arcs de cercle se raccordant entre eux.

Dans le *talon* la partie la plus saillante est convexe, dans la *doucine* elle est concave.

La scotie est une moulure creuse formée de plusieurs arcs de cercle de rayons différents se raccordant entre eux.

Le quart de rond, le cavet, le congé, le talon, la doucine, la scotie peuvent être *droits* ou *renversés*. Ces moulures sont *droites* lorsque la plus grande saillie se trouve à la partie supérieure Elles sont *renversées* dans le cas contraire.

REMARQUE. — Dans la pratique, *le profil* des moulures rondes est souvent exécuté sans le secours du compas. On trace simplement ce profil à la main ce qui permet de donner à la courbe, suivant sa forme et sa disposition, un caractère particulier que ne peut donner la construction au compas.

MOULURES

PI.XX

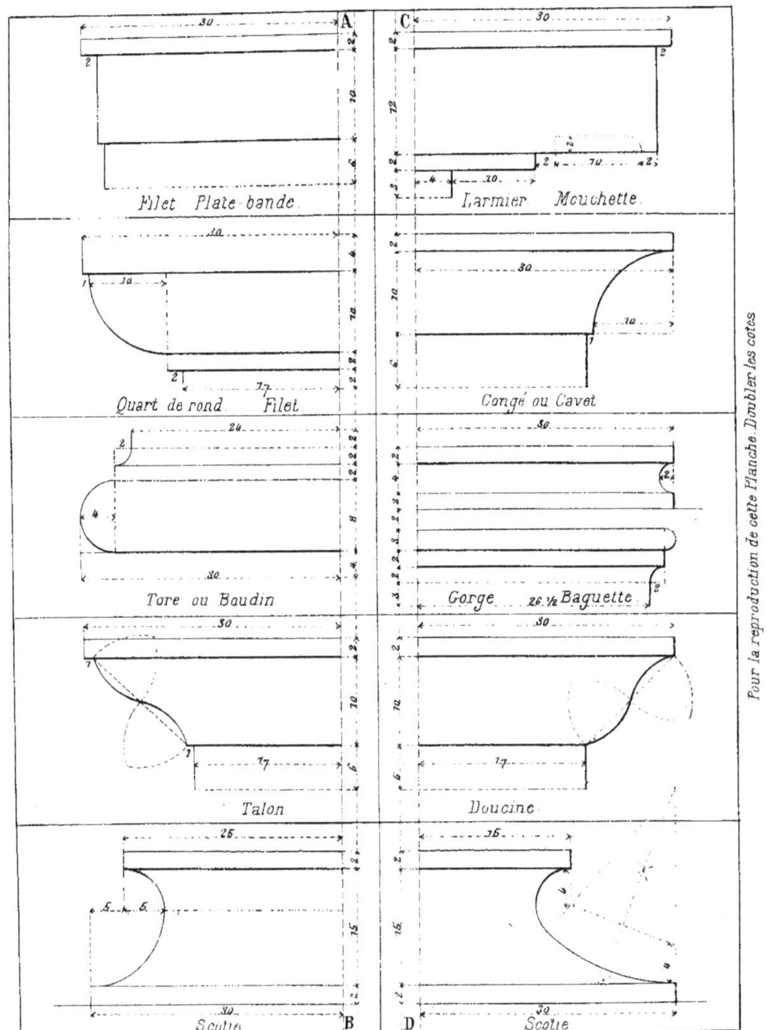

Pour la reproduction de cette Planche Doubler les cotes.

GLAND DE COURONNEMENT

BOULE ÉGYPTIENNE. *Pl.XXI*

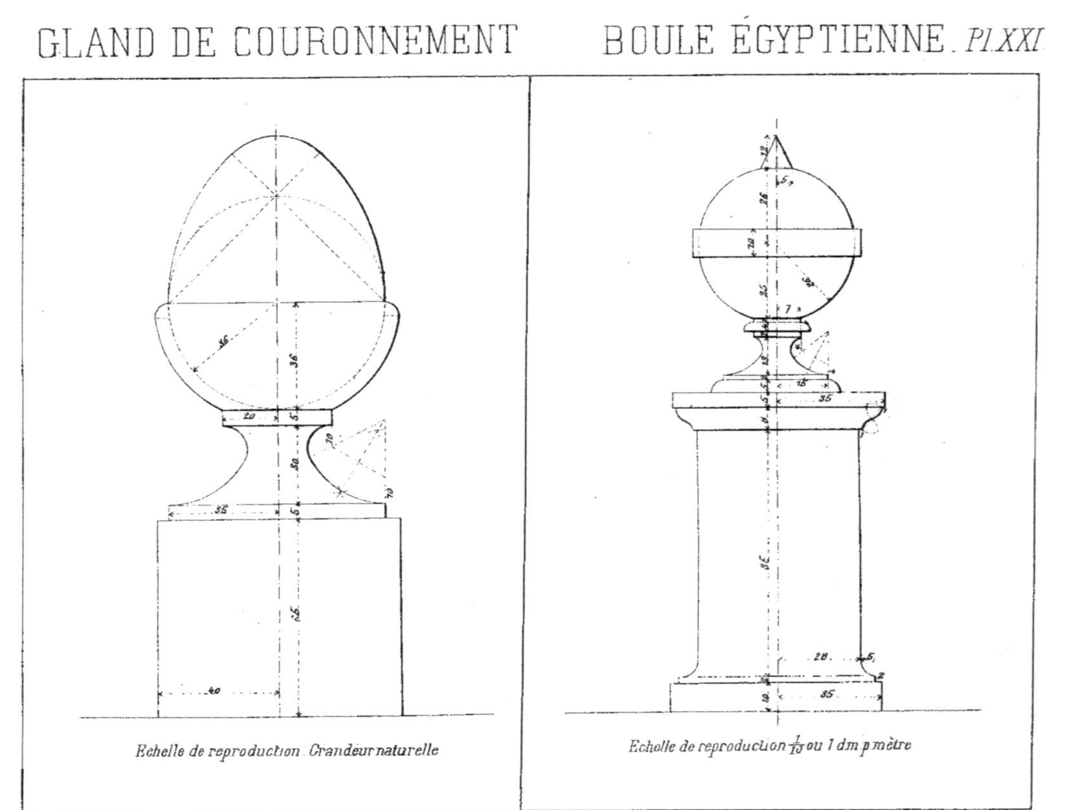

Echelle de reproduction. *Grandeur naturelle*

Echelle de reproduction $\frac{1}{10}$ ou 1 dm p mètre

VASE MÉDICIS. BALUSTRE. *Pl XXXII*

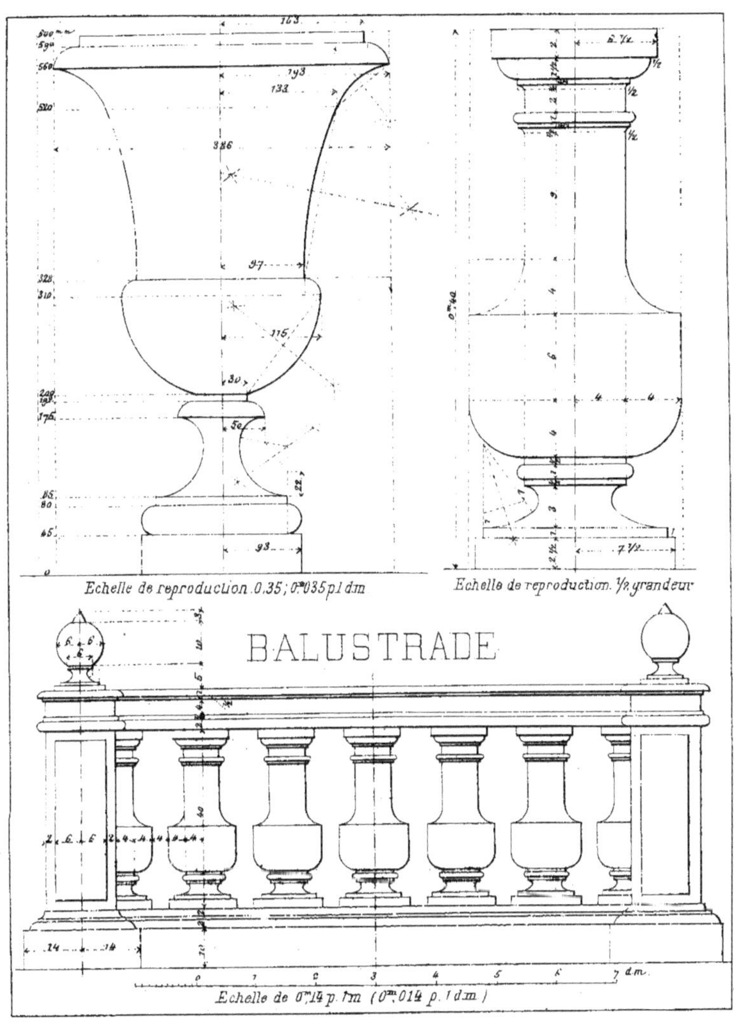

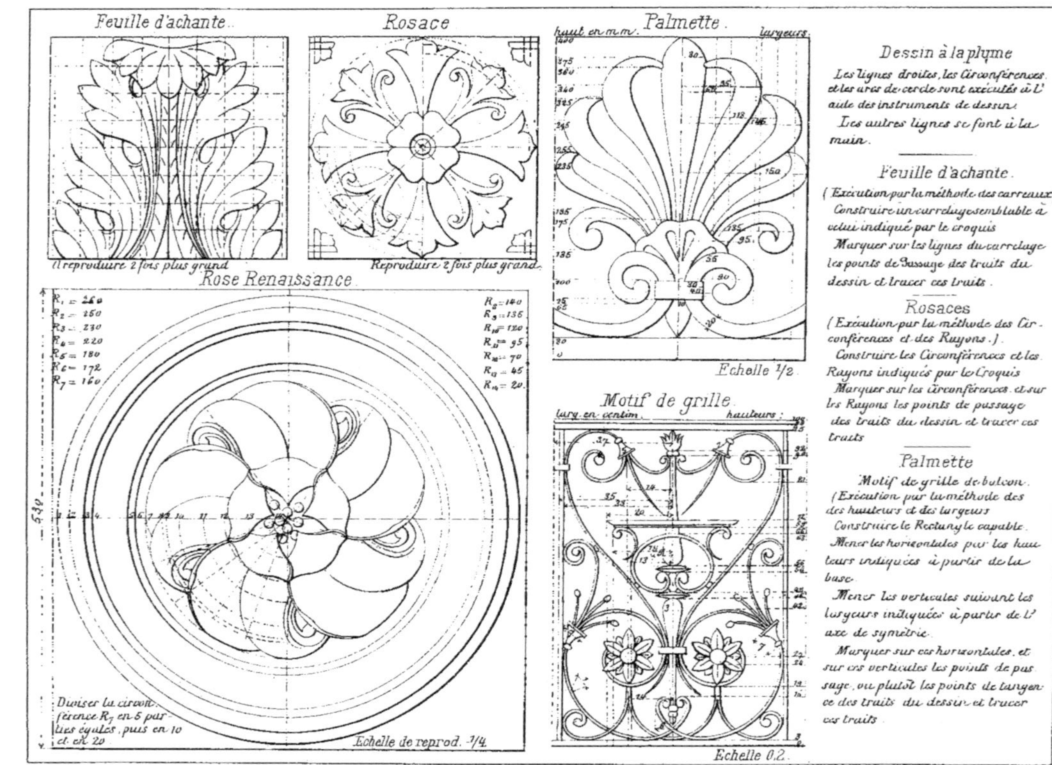

Dessin à la plume

Les lignes droites, les Circonférences et les arcs de cercle sont exécutés à l'aide des instruments de dessin.

Les autres lignes se font à la main.

Feuille d'achante.

(Exécution par la méthode des carreaux.)

Construire un carrelage semblable à celui indiqué par le croquis.

Marquer sur les lignes du carrelage les points de passage des traits du dessin et tracer ces traits.

Rosaces

(Exécution par la méthode des Cir-conférences et des Rayons.)

Construire les Circonférences et les Rayons indiqués par le Croquis.

Marquer sur les Circonférences et sur les Rayons les points de passage des traits du dessin et tracer ces traits.

Palmette

Motif de grille de balcon.

(Exécution par la méthode des des hauteurs et des largeurs.

Construire le Rectangle capable.

Mener les horizontales par les hauteurs indiquées à partir de la base.

Mener les verticales suivant les largeurs indiquées à partir de l'axe de symétrie.

Marquer sur ces horizontales, et sur ces verticales les points de pas-sage, ou plutôt les points de tangen-ce des traits du dessin et tracer ces traits.

LE LAVIS

Le *lavis* a pour but de préciser la *nature* des objets (teintes conventionnelles) ou leur *forme* (ombres) ou de produire simplement des *effets décoratifs* par l'application de *teintes diverses* délayées dans l'eau.

Une teinte de *force uniforme* dans toute son étendue porte le nom de **teinte plate**. Celle dont la force va en *augmentant* ou en *diminuant* s'appelle **teinte graduée** ou **fondue**.

Les *teintes plates grises* sont désignées sous le nom de **demi-teintes**. Les *teintes plates noires*, sous le nom de **poches**.

Outre *l'encre de Chine* ordinairement employée, les *couleurs* simples ou combinées entre elles sont souvent utilisées.

Matériel nécessaire

Une planchette à dessin, une feuille de papier fort et bien collé, une éponge, de la colle (colle à bouche), deux pinceaux faisant bien la pointe et montés sur un manche, des godets suffisamment profonds afin que les couleurs sèchent moins vite, un bâton d'encre de Chine, une tablette de bleu de Prusse, de gomme gutte (jaune), de carmin (rouge).

Marche à suivre

Collage de la feuille. — Mouiller fortement la feuille d'un côté avec l'éponge imbibée d'eau propre, la laisser s'humecter quelque temps, la retourner, l'étendre avec soin sur la planchette et la coller par ses quatre bords. A cet effet, on pose une règle le long d'un côté à 5 ou 6 ^{m} du bord, on soulève ce bord et on le frotte à l'envers avec la colle à bouche bien humectée de salive, puis on le rabat en l'appliquant fortement contre la planchette. On colle de même les autres côtés et on laisse sécher.

Exécution du dessin. — Construire le dessin et écrire les titres d'après les indications déjà données plus haut. Passer le tout à l'encre en traits fins (les traits limitant des poches pourront être tracés plus gros). Nettoyer la feuille en frottant légèrement avec une gomme souple et de la mie de pain.

Préparation des teintes. — *Teinte à l'encre de Chine*. On frotte légèrement l'extrémité du bâton d'encre de Chine dans un godet contenant la quantité nécessaire d'eau propre. On essaie la teinte obtenue. Si elle est trop noire, on la ramène au ton que l'on désire en ajoutant de l'eau goutte à goutte avec le pinceau. Puis on la *décante* avec soin dans un autre godet afin de *la séparer des matières déposées*, insuffisamment délayées.

Teintes de couleurs. — On frotte la tablette de couleur tenue au-dessus du godet avec le pinceau constamment imbibé de l'eau à colorer. On essaye et on décante.

Les *couleurs composées* sont obtenues en mélangeant convenablement deux ou plusieurs *couleurs simples*.

Le violet est obtenu en mélangeant *le bleu* et *le rouge* ;
L'orangé   —   —   *le rouge* et *le jaune* ;
Le vert   —   —   *le jaune* et *le bleu* ;

Application des teintes. — Incliner la planchette vers soi. Imbiber assez fortement le pinceau de la teinte à appliquer et commencer à laver en *haut* et à *gauche* de l'espace à teinter. Conduire la teinte horizontalement de gauche à droite ou verticalement de haut en bas en ayant soin de prendre de l'encre de temps en temps de façon que la partie inférieure de la teinte constitue *une espèce de flaque* que l'on descend graduellement et qu'on enlève à la fin avec l'autre pinceau légèrement mouillé d'eau propre. *Le bord d'une teinte ne doit jamais sécher avant que le pinceau y revienne.* La limite inférieure ainsi que la limite de droite doivent être terminées avec plus de soin, le pinceau tenu presque verticalement et préalablement essuyé contre le bord du godet.

Les premières couches appliquées sont toutes des *demi-teintes. Les poches* et les *teintes foncées* sont généralement obtenues par *applications successives de plusieurs couches de plus en plus noires. Une couche ne doit être appliquée que lorsque la précédente est bien sèche.*

Teintes conventionnelles.
Fer : Bleu de Prusse.
Cuivre jaune : Gomme gutte avec un peu de carmin.
Cuivre rouge : Gomme gutte et du carmin en plus grande quantité que pour le cuivre jaune.
Bois : Gomme gutte avec un peu d'encre de Chine et de carmin.
Bois en coupe : La même teinte avec un peu plus d'encre de Chine.
Maçonnerie : Gomme gutte claire.
Maçonnerie en coupe : Carmin clair.

Application du Carré

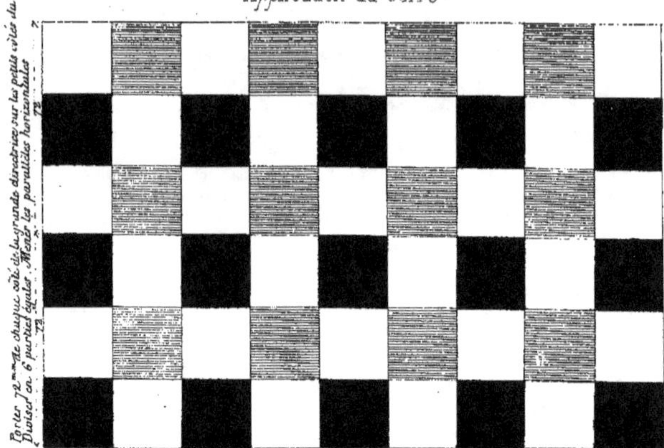

Application de lignes à 45°

Ces dessins de lavis et ceux qui suivent, pourront être exécutés en couleurs. Les élèves s'exerceront eux-mêmes à assortir les teintes de manière à produire le meilleur effet.

MOSAÏQUE – VITRAUX – MOSAÏQUE . Pl. XXV.

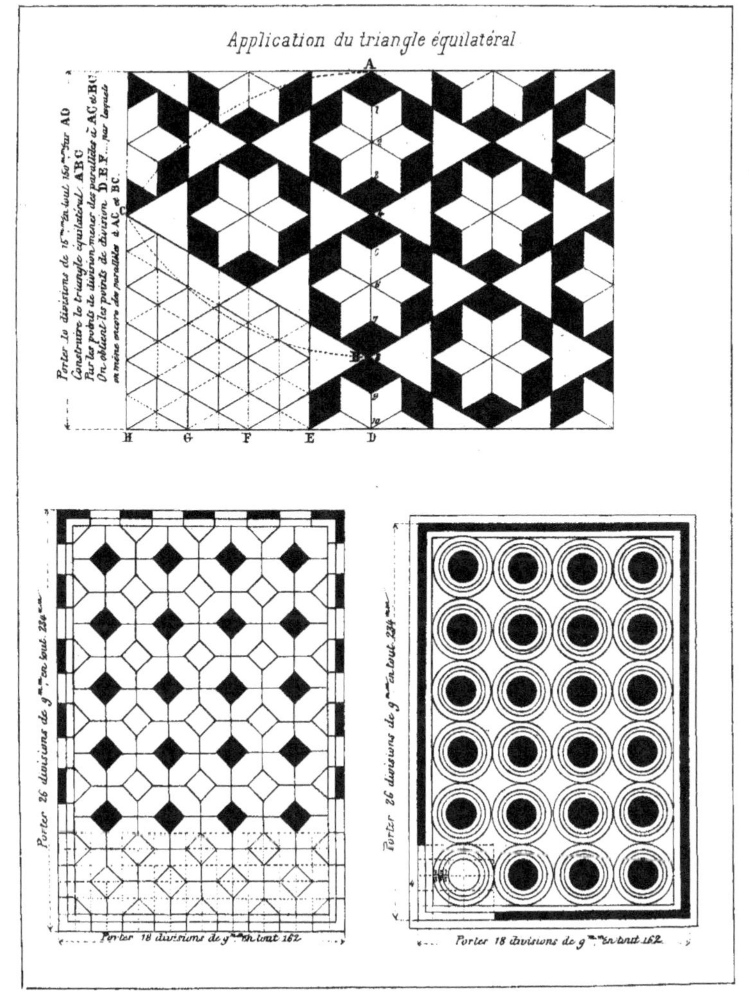

ROSE DES VENTS-ROSACE-ENCADREMENT *Pl XXVI*